全国高等职业教育"十三五"规划教材

电子综合设计与工艺

何小春　李　丽　主编

西安交通大学出版社
XI'AN JIAOTONG UNIVERSITY PRESS

图书在版编目(CIP)数据

电子综合设计与工艺 / 何小春,李丽主编.—西安：
西安交通大学出版社,2019.5(2024.6重印)

ISBN 978 - 7 - 5693 - 1195 - 2

Ⅰ.①电… Ⅱ.①何… ②李… Ⅲ.①电子电路—
电路设计 Ⅳ.①TN702.2

中国版本图书馆 CIP 数据核字(2019)第 105005 号

书 名	电子综合设计与工艺	
主 编	何小春 李 丽	
责任编辑	贺彦峰	

出版发行	西安交通大学出版社
	(西安市兴庆南路 1 号 邮政编码 710048)
网 址	http://www.xjtupress.com
电 话	(029)82668357 82667874(市场营销中心)
	(029)82668315 (总编办)
传 真	(029)82668280
印 刷	西安日报社印务中心

开 本	787mm×1092mm 1/16	印张 16.5	字数 330 千字	
版次印次	2020 年 9 月第 1 版	2024 年 6 月第 4 次印刷		
书 号	ISBN 978 - 7 - 5693 - 1195 - 2			
定 价	48.00 元			

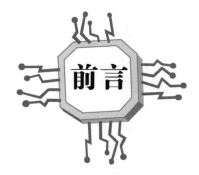

前言

　　"电子综合设计与工艺"是由广州市信息工程职业学校负责开发、建设的广州市中等职业学校精品课程之一，本课程在课程体系中的定位是专业核心课程，属于"基于真实工作环境与生产过程的工学结合模式探索"课程（简称"工学结合一体化课程"）。该课程既是广州市信息工程职业学校结合自身特色开发的电子实训整合课程，也是中等职业技术学校电子技术、信息、通信类相关专业的一门实践基础课程。开设此课程的目的是使学生掌握中级专业人才所必须具备的专业基本技能、培养学生适应职业变化的能力；具体任务是辅助与加强原有课程体系的实践性教学环节，更好、更有效地提高学生的综合素质。

　　本书在编写过程中，坚持"以就业为导向，能力为本位"，采用"基于工作过程系统化课程"的教学理念，充分体现了任务引领、实践导向的课程设计思想。全书共有八个项目，包含了二十八个任务，每个任务都设有学习准备、工作过程两个环节，力求使学生在学中做，在做中学，注重理论联系实际，提高学生分析问题、解决问题的能力。本书内容涵盖Protel DXP2004软件的应用、电子电路的装配调试方法，将电子产品的设计与制作融合在一起，使学生能够更加贴近实际应用，达到全面掌握相关技能以及将之融汇贯通的目的。

　　本书内容包含八个项目：项目一为手工焊接方法；项目二为闪灯电路的装配与调试；项目三为可调式稳压电源电路的设计与工艺；项目四为电子小夜灯的设计与工艺；项目五为波形发生电路的装配与调试；项目六为基于单片机的摇摇棒电路的设计与制作；项目七为双色循环灯电路的设计与制作；项目八为基于单片机的数字钟电路的设计与制作。另外，本书还附录了来自企业的工艺标准和作业指导书。

　　本书以动手实践为突破口，由浅入深，每个制作内容均经作者亲手完成及验证，既有"趣味性"，又有生活、生产方面的"实用性"，充分体现教学与生产实际的紧密结合和学以致用的原则。

　　本书内容的编写简明实用，图文并茂，适合中等职业学校电子技术类和电子通信类专业使用，也可以作为相关专业的培训教材以及电子爱好者的参考书。

　　本书由何小春、李丽编写，其中项目一、二、五、六、项目八由何小春编写，项目三、四、项目七由李丽编写，本书终稿的主审为吴雯高级讲师。在本书的编写过程中，得到了来自企业的专家和教科研专家的指导和帮助，普博电子公司的刘一流工程师参与了本书的编写研讨，在项目的确定和技术标准方面提供了很多建设性的意见和建议；李冬梅高级讲师在教学内容的编排上给了很多的指导，对本书提出了许多宝贵意见。

由于编者水平有限，编写经验不足、时间仓促，不足之处在所难免，恳请使用本书的读者提出宝贵意见。

编　　者

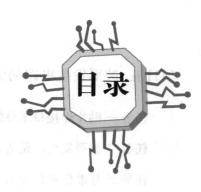

目录

项目一　基础知识——手工焊接方法

知识目标

(1)认识电子焊接在电路制作中的重要作用；

(2)认识电烙铁、焊料、助焊剂；

(3)学会并记住手工焊接的方法和要领。

任务分解

(1)认识电烙铁、焊料及助焊剂，学习手工焊接的五步法，进行手工焊接练习，进行焊接质量检查；

(2)学习导线的焊接技巧，进行光芯线焊接练习。

学习背景

任何电子产品，从几个零件组成的整流器到成千上万个零部件组成的计算机，都是由基本的电子元器件和功能器件连接而成的。其中，锡焊是连接元器件使用最广泛的方法之一。

一个电子产品的焊点少则几十几百个，多则几万几十万个，其中任何一个焊点出现故障，都可能影响整机的工作。要从成千上万的焊点中找出失效的焊点，犹如大海捞针。因此关注每一个焊点的质量，成为提高产品质量及其可靠性的基本环节。

在现代化的生产中，早已摆脱了传统的手工焊接技术，代之以波峰焊、再流焊、倒装焊等新技术。但是如同出行一样，尽管有了火车、飞机代步，人们用腿步行永远不可能被取代，所以手工焊接仍有广泛的应用。它不仅是小批量生产、研制和维修电子产品必不可少的连接方法，也是机械化、自动化生产的基础。因此，一个电子技术工作者应当熟练地掌握手工焊接操作技术。

任务一　手工焊接技术技能训练

【学习目标】

通过学习焊接相关知识，学会手工焊接五步法，并能完成工作页要求的全部焊接作业。

【学习准备】

一、认识焊接工具

电烙铁是手工焊接的主要工具，常见的电烙铁类型有以下几种。

1. 直热式电烙铁

普通直热式电烙铁的实物图如图1-1-1所示，其主要组成部分如下：

（1）发热元件：电烙铁的能量转换部分，俗称烙铁芯子。

（2）烙铁头：能够存储和传递热量，一般用紫铜制成。在使用过程中，烙铁头会因高温氧化和焊剂腐蚀变得凹凸不平，故需要经常清理和修整。

（3）手柄：一般用木料或胶木制成。

（4）电源线。

图1-1-1　普通直热式电烙铁

2. 吸锡电烙铁

吸锡电烙铁的实物图如图1-1-2所示，它是将活塞式吸锡器与电烙铁融为一体的拆焊工具。

吸锡电烙铁的使用方法是：接通电源预热，然后将活塞推下并卡住，把吸锡电烙铁的吸头前端对准欲拆焊的焊点，待焊锡熔化后，按下按钮，活塞便自动上升，焊锡被吸入气筒内。注意，使用完毕后，要清除吸管内残留的焊锡，使吸头与吸管保持畅通。

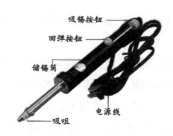

图1-1-2 吸锡电烙铁

3. 电烙铁的选用

电烙铁的种类及规格有很多种，而被焊工件的大小又有所不同，因而合理地选用电烙铁的功率及种类，对提高焊接质量和效率有直接的关系。

如果被焊件较大，使用的电烙铁功率较小，则焊接温度过低，焊料熔化较慢，势必造成焊接强度及外观质量的不合格，甚至焊料不能熔化致使焊接无法进行。如果被焊件较小，使用的电烙铁功率较大，则使焊接温度过高，造成元器件损坏，或使印制电路板的铜箔脱落，焊料在焊接面上流动过快而无法控制。因此，合理地选用电烙铁的功率及种类，对提高焊接质量和效率有着直接的关系。

二、认识焊料和助焊剂

1. 焊料

焊料是指易熔的金属及其合金。它的作用是将被焊物连接在一起。焊料的熔点比被焊物的熔点低，而且要易于与被焊物连为一体。

在电子产品装配中，一般选用锡铅系列的焊料。该焊料熔点低，在180 ℃时便可熔化，对元器件引线和其他导线有较强的附着力，焊好后不易脱落。

2. 助焊剂

金属表面与空气接触后会生成一层氧化膜，温度越高，氧化越厉害。除去氧化物与杂质，通常有两种方法，即机械方法和化学方法。机械方法是用砂纸和刀将其除掉，化学方法则是用助焊剂清除。助焊剂简称焊剂。

焊剂除上述的去氧化物的功能外，还具有加热时防止氧化的作用，焊接时，助焊剂在金属表面形成一层薄膜，使金属与空气隔绝，起到了在加热过程中防止氧化的作用。

常用焊料与焊剂如图1-1-3所示。

焊锡（焊料）

松香（助焊剂）

图1-1-3 常用焊料和焊剂

另外助焊剂还有促使焊料流动，减少表面张力的作用。促使焊料流动，焊料附着力增强，使焊接质量得到提高。

焊剂的另一个重要作用是把热量从烙铁头传递到焊料和被焊物表面。因为在焊接中，烙铁头的表面及被焊物的表面之间存在有许多间隙，在间隙中有空气，空气又为隔热体，这样必然会使被焊物的预热速度减慢。而焊剂的熔点比焊料和被焊物的熔点都低，会先熔化，并填满间隙和润湿焊点，使烙铁的热量通过它快速传递到被焊物上，达到加速预热的目的。

电子产品装配中，常在松香焊剂中加入活性剂。

三、手工焊接的技术

1. 手工焊接五步法

如图1-1-4所示，手工焊接五步法的步骤如下：

（1）准备：将焊接所需材料、工具准备好。加热电烙铁，烙铁头沾上少量焊剂。

（2）加热被焊件：将烙铁头放在焊盘上，使被焊件的温度上升。

（3）熔化焊料：将焊锡丝放到被焊件上，使焊锡丝熔化并浸湿焊盘。

（4）移开焊锡：当焊点上的焊锡将焊点浸湿后，要及时撤离焊锡丝。

（5）移开电烙铁：移开焊锡后，待焊锡全部润湿焊点时，及时迅速移开电烙铁。

图1-1-4 手工焊接五步法

2. 手工焊接操作要领

（1）应合理使用助焊剂，不能没有，也不能一次沾太多的助焊剂。

（2）焊接的温度和时间要掌握好。

（3）焊料的施加应视焊点的大小而定。

（4）焊接时烙铁头、被焊元件管脚、铜箔焊盘、焊锡四者都应该形成良好的接触。

（5）撤离电烙铁时要掌握好撤离方向，撤离方向以45°角最为适宜。

（6）焊接时被焊元件应扶稳，若元件不容易固定，可先焊好一个管脚，观察元件是否稳定安装在板上，若不理想，便对该焊点重焊，并使元件稳定在板上，然后再焊接其他管脚。

（7）焊点重焊时必须注意再次加入的焊料要与上次的相同，同时熔化后才能移开烙铁。

四、元器件的插装、成形、安装次序等工艺要求

1. 元器件插装、焊接次序

一个电路往往有很多不同类型的元器件，其外形各不相同，插装时应符合元器件的装配工艺要求，基本原则如下：

（1）元器件的标志方向应符合规定的要求。

（2）注意有极性的元器件不能装错。

（3）安装高度应符合规定的要求，同一规格的元器件应尽量安装在同一高度。

（4）安装顺序一般为先低后高，先轻后重，先一般元器件后特殊元器件。

一般简单的电路可参考以下焊接安装次序：

（1）安装焊接体积小的电阻、二极管等元器件。

（2）安装焊接个体高度稍高的IC座、发光二极管、瓷片电容、三极管、微调电位器、按钮开关等元器件。

（3）安装焊接个体较高的电解电容、大功率元器件等。

（4）安装焊接对温度敏感的元器件。

（5）最后安装集成块、散热片、变压器、扬声器等。

2．元器件成形的工艺要求

元器件的引线要根据焊盘插孔和安装的要求弯折成所需要的形状，元器件成形有以下要求：

（1）元器件引线成形后，引线弯曲处要有圆弧形，圆弧半径不得小于引线直径的两倍；引线弯曲处离元器件封装根部至少2 mm距离；引线弯曲部分不允许出现模印、压痕和裂纹。

（2）在引线成形过程中，元器件本体不应产生破裂，表面封装不应损坏或开裂。

（3）元器件引线成形尺寸应符合安装尺寸要求。

（4）凡是有标记的元器件，在引线成形后，其型号、规格、标志符号应向上、向外，方向一致，以便目视识别。

元器件安装工艺，要求如表1-1-1所示。

表1-1-1　元器件安装工艺表

插装元器件	工艺要求	
安装电阻、二极管		电阻采用贴印制电路板卧装，色环方向一致； 二极管的安装方法与电阻相同，注意其正、负极性
安装电位器		插到底，不要倾斜
安装三极管		采用直立式安装，注意引脚位置，离板高度大约为4~6 mm
安装电解电容		采用直立式安装，注意其正、负极性，离板高度大约为1~2 mm
安装无极性电容		插到底，不要倾斜

3．元器件成形加工

元器件预加工处理主要包括引线的校直、表面清洁及搪锡三个步骤（视元器件引脚的可焊性，也可省略这三个步骤）。

（1）引线成形，基本要求是：

引线成形尺寸应符合安装尺寸要求；

引线不要齐根弯折，以免损坏元器件；

元器件引线弯曲处要有圆弧；

元器件标志符号应向上、向外，以便查看；

成形后不允许有机械损伤。

元器件成形方法如图1-1-5所示。

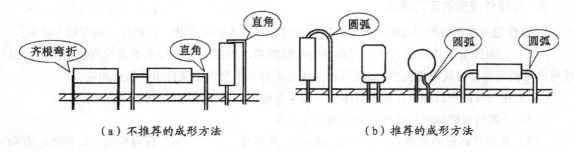

图1-1-5 元器件成形方法

（2）在某些情况下，若三极管需要按图1-1-6的方式安装，则须对引脚进行弯折处理。加工方法如图1-1-7所示。

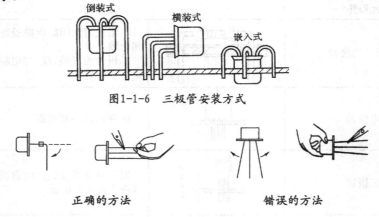

图1-1-6 三极管安装方式

图1-1-7 三极管引脚加工方法

五、元器件的焊接质量检查

焊接是电子产品制造中最主要的一个环节，在焊接结束后，为保证质量，都要进行质量检查。由于焊接检查与其他生产工序不同，没有一种机械化、自动化的检查测量方法，因此主要是通过目视检查和手触检查发现问题。

1. 目视检查

所谓目视检查，就是从外观检查、焊接质量是否合格，从外观评价焊点有什么缺陷。而合理的焊点形状，应饱满光滑，外形上呈半球状，如图1-1-8所示。

目视检查的主要内容有：

（1）是否有漏焊，漏焊是指应该焊接的焊点没有焊上。

（2）焊点的光泽好不好。

（3）焊点的焊料足不足。

（4）焊点周围是否有残留的焊剂。

（5）有没有连焊。

（6）焊盘有没有脱落。

（7）焊点有没有裂纹。

（8）焊点是不是凹凸不平。

（9）焊点是否有拉尖现象。

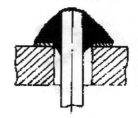

图1-1-8　焊点外观

2. 手触检查

手触检查主要是指用手指触摸元器件时，有无松动、焊接不牢的现象。用镊子夹住元器件引线轻轻拉动，检查有无松动现象。焊点在摇动时，检查焊锡是否有脱落现象。

3. 元器件焊接质量检验规范

常见的焊点缺陷及质量分析见附录一"企业元器件焊接质量检验规范"。

【工作过程】

一、焊接准备

（1）待焊接元器件。

IC座（14P或16P）1块，电阻4只，瓷片电容2只，电解电容2只，二极管1只，发光二极管1只，三极管1只。

待焊接元器件如图1-1-9所示。

电阻　　　瓷片电容　　　电解电容　　　二极管　　　发光二极管　　　三极管　　　IC座

图1-1-9　待焊接元器件

（2）万能电路板1块。

初步认识万能电路板：元件在万能板中应安装在_____面；管脚由_____面伸出。

（3）电烙铁1台。

观察手中的电烙铁，记录电烙铁的型号：＿＿＿＿＿＿＿＿；功率：＿＿＿＿＿＿＿＿＿＿＿。

描述直热式电烙铁的结构组成：＿＿＿＿＿＿＿＿＿＿＿＿＿＿＿＿＿＿＿＿＿＿＿＿＿。

（4）焊锡、助焊剂若干。

观察焊料和助焊剂，记录焊料和助焊剂材料。

焊料成分：＿＿＿＿＿＿＿＿＿＿；助焊剂材料：＿＿＿＿＿＿＿＿＿＿＿＿＿。

（5）尖嘴钳、斜口钳、镊子等相关工具如图1-1-10所示。

| 尖嘴钳 | 斜口钳 | 镊子 |

图1-1-10　相关工具

二、初步做一做

（1）采用类似握笔的方法紧握电烙铁并通电。使电烙铁沾上一些助焊剂，然后加热焊料，能将熔解的焊锡挂在烙铁头的尖端。

（2）取出一个电阻，用尖嘴钳将电阻的两个管脚折弯成90°，使两个引脚的距离刚好为万能板的3个焊盘孔的距离（安装在万能板上跨过2个焊盘孔）。

（3）将电阻安装在万能板上，采用五步焊接法进行焊接。

描述五步焊接法的步骤：＿＿＿＿＿＿＿＿＿＿＿＿＿＿＿＿＿＿＿＿＿＿＿＿＿＿＿。

（4）使用斜口钳将焊好的引脚的多余部分剪掉。

三、安装设计

本焊接练习并没有指定电路，故可以自由设计元器件的安装位置，不过一般应保证元器件的成形、插装正确，元器件在电路板上分布均匀、平衡。

简单设计一个元器件布局图，IC座的位置已经给出，如图1-1-11所示。

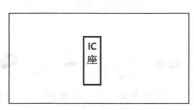

图1-1-11　元器件布局图

四、元器件安装与焊接

根据设计出来的元器件布局图，将各个元器件依次安装焊接在万能电路板上。

本任务中元器件的安装次序是：＿＿＿＿＿＿＿＿＿＿＿＿＿＿＿＿＿＿＿＿＿＿＿＿＿。

五、焊接检查和修正

1．目视检查

检查自己焊接的焊点是否有以下缺陷：

(1) 有没有焊点漏焊。　　　　　　　　　有□　没有□

(2) 有没有焊点无光泽，呈粉末状。　　　有□　没有□

(3) 有没有焊料不足的焊点。　　　　　　有□　没有□

(4) 有没有焊点周围有残留的焊剂。　　　有□　没有□

(5) 有没有连焊。　　　　　　　　　　　有□　没有□

(6) 有没有焊盘脱落。　　　　　　　　　有□　没有□

(7) 有没有焊点裂纹。　　　　　　　　　有□　没有□

(8) 有没有焊点存在拉尖现象。　　　　　有□　没有□

2．手触检查

检查自己焊接的焊点是否有以下缺陷：

(1) 有没有引脚出现松动。　　　　　　　有□　没有□

(2) 有没有焊点出现焊锡脱落现象。　　　有□　没有□

3．焊点修正

将有缺陷的焊点修正。

六、安全文明操作

(1) 整理焊接环境。

工作台上工具摆放整齐，任务完成后，收拾好焊接工具，清理焊接台，保证焊接环境干净。

(2) 爱护工具，操作时应轻拿轻放不得损坏元器件和工具。

(3) 严格遵守操作规程，避免出现安全操作事故。

任务二　光芯线焊接技术技能训练

【学习目标】

学会光芯线焊接技巧，根据操作提示完成焊接练习。

【学习准备】

一、认识万能电路板和光芯线

在手工制作电子电路时，要想进行腐蚀或雕刻往往不是一件容易的事情，使用万能电路板进行电路制作是较方便的一种选择。

1. 万能电路板的认识

万能电路板是由聚酯材料构成的板材，按0.1 in（约2.54 mm）的间隔钻了一系列的孔，板的一面没有铜箔，另一面围绕钻孔覆上铜箔，形成焊盘，每个焊盘独立，不互相连接。常用的万能电路板一般一面有铜箔，一面没有铜箔；但在电路复杂的场合，也可能使用双面均有铜箔的万能电路板。

图1-2-1　万能板

在万能电路板上必须把元器件安装在没有铜箔的一面，并把元器件的引脚穿过钻孔，从有铜箔面伸出来，以便进行焊接。元器件焊在万能电路板上时是互相独立的，因此需要焊上光芯线，连接相应的元器件，形成真正的电路。

万能电路板按照尺寸（或钻孔的数目）可分为不同大小，使用时应根据电路元器件的多少来选择相应的电路板。

2. 光芯线的认识

光芯线也称镀锡铜线（见图1-2-2），是使用万能电路板制作电子电路的必备材料。光芯线的作用其实就是作为连接元器件的导线，因其表面镀上一层锡，故比一般的导线更加容易进行焊接。

常用的光芯线直径大小一般为0.5 mm。注意，在使用光芯线之前，应先将其拉直。

图1-2-2　光芯线

二、光芯线焊接方法

1. 固定元器件

先将元器件焊接固定在电路板上，步骤如图1-2-3所示。

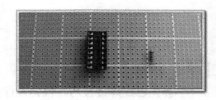

（a）第1步　　　　　　　（b）第2步　　　　　　　（c）完成

图1-2-3　元器件焊接

2. 直线光芯线的焊接方法

（1）先用电烙铁熔解需连接的其中一个焊点，同时准备好光芯线。

（2）待焊点完全熔解后，用另一只手持光芯线，将其一端伸进熔解的焊点中（见图1-2-4）。

（3）撤走电烙铁，维持光芯线在焊点中的状态约1 s，焊点冷却后，光芯线便固定在焊点中，与元器件引脚连接起来了（见图1-2-5）。

 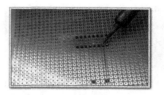

图1-2-4　直线光芯线焊接①　　　图1-2-5　直线光芯线焊接②

（4）调整光芯线至另一焊点的位置，用斜口钳剪出合适的长度（见图1-2-6）。

（5）同样，熔解该焊点，将光芯线另一端压进焊点中，冷却后，光芯线便固定在焊点中，与另一元器件引脚连接起来（见图1-2-7）。

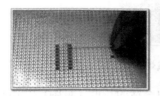 

图1-2-6　直线光芯线焊接③　　　图1-2-7　直线光芯线焊接④

（6）因两个焊点距离较远，光芯线容易脱落，故需在光芯线上加上焊点，以便固定光芯线（见图1-2-8）。

（7）焊点的距离一般为跨3个焊盘孔左右，最大距离不能跨超过4个焊盘孔（见图1-2-9）。

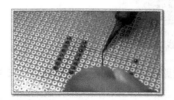 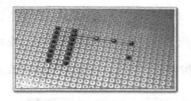

图1-2-8　直线光芯线焊接⑤　　　图1-2-9　直线光芯线焊接⑥

3. 绕行光芯线的焊接方法

（1）参照直线光芯线的焊接方法，将光芯线固定在第一个焊点上（见图1-2-10）。

（2）在需要转弯的地方，使用尖嘴钳，折弯光芯线（见图1-2-11）。折弯的角度应为90°，不可斜走。

 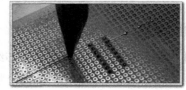

图1-2-10　绕行光芯线焊接①　　　图1-2-11　绕行光芯线焊接②

（3）拐弯的折点处应加上焊点，以便固定光芯线（见图1-2-12）。

（4）继续使用尖嘴钳折弯光芯线，并在拐弯处加上焊点（见图1-2-13）。

（5）焊点距离过远，中间隔3个焊盘孔左右加上焊点（见图1-2-14）。

图1-2-12　绕行光芯线焊接③　　　　　图1-2-13　绕行光芯线焊接④

图1-2-14　绕行光芯线焊接⑤

（6）调整光芯线至另一焊点位置，使用斜口钳剪出合适的长度（见图1-2-15）。

图1-2-15　绕行光芯线焊接⑥

（7）熔解焊点后，将光芯线的末端压进焊点，线路便连接起来了（见图1-2-16）。

 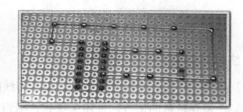

图1-2-16　绕行光芯线焊接⑦

4. 直接相连焊点的焊接方法

对于两个非常靠近的焊点，如果使用光芯线进行连接将变得很困难，此时可以采用拖锡的方法，直接利用焊锡进行相连。注意，只有两个紧靠的焊点可以采用这种连焊方法，非紧靠的焊点必须采用光芯线来连接。

直接相连焊点的焊接方法如下：

（1）先将焊锡丝末端放在两个需连接的两个焊盘之间（见图1-2-17）。

（2）然后使用电烙铁轮流加热两个焊点和焊锡丝（见图1-2-18）。

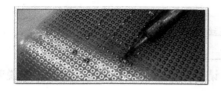 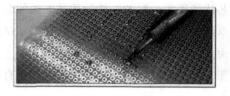

图1-2-17　直接相连焊点焊接①　　　　图1-2-18　直接相连焊点焊接②

（3）待焊点和焊锡丝都熔解且连成一片时，迅速撤走焊锡丝和电烙铁，两个焊点便连接在一起了（见图1-2-19）。

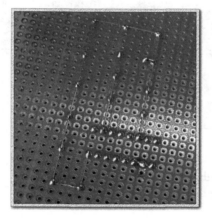

图1-2-19　直接相连焊点焊接③

【工作过程】

一、焊接准备

（1）已经焊好元件的电路板（见本项目任务一）。

记录万能电路板的尺寸规格：＿＿＿＿＿＿＿＿＿＿＿＿＿＿＿＿＿＿＿。

（2）光芯线若干。

记录光芯线的直径规格：＿＿＿＿＿＿＿＿＿＿＿＿＿＿＿＿＿＿＿。

（3）电烙铁1台。

（4）焊锡、助焊剂若干。

（5）尖嘴钳、斜口钳以及其他相关工具。

二、光芯线焊接

按光芯线焊接方法进行焊接练习。

焊接要求：

（1）直线连接的焊点，至少使用光芯线焊接5条；

（2）绕行连接的焊点，至少使用光芯线焊接3条；

（3）直接连接的两个紧靠的焊点，至少焊接5处。

光芯线能否用一般的细铁丝代替？为什么？

可以用细铁丝代替 □　　　　　　不可以用细铁丝代替 □

理由：_____。

在图1-2-20中，使用光芯线焊接时焊点有遗漏，请在图中添加完整遗漏的焊点。并说明这样做的理由。

图1-2-20　光芯线焊接图

理由：_____。

三、简单的拆焊

拆焊要求：从电路板上拆焊出1个电阻和1个电解电容。

四、安全文明操作

（1）整理焊接环境。

工作台上工具摆放整齐，任务完成后，收拾好焊接工具，清理焊接台，保证焊接环境干净。

（2）爱护工具，操作时应轻拿轻放不得损坏元器件和工具。

（3）严格遵守操作规程，避免出现安全操作事故。

项目二　闪灯电路的装配与调试

知识目标

（1）能从外观上认识基本元器件，通过电路掌握基本元器件的作用；

（2）能使用万用表检测元器件和电路参数；

（3）能分析闪灯电路的工作原理，能读懂闪灯电路的接线设计图；

（4）能根据接线设计图完成闪灯电路的安装焊接，并调试成功；

（5）学会阅读工作指引，能按照工作指引自主完成任务，养成自主学习的好习惯；

（6）学会资源共享、互帮互助，发挥小组各成员的优势，共同完成任务，培养团队合作精神。

任务分解

（1）元器件识别与检测；

（2）闪灯电路的装配与调试。

学习背景

珠江夜游是"广州一日游"的压轴项目，在灯光的装点下广州的夜晚光彩夺目。如何构成闪烁的灯光美景呢？可通过单片机、分立元件等多种方法实现，具体步骤可上网或查阅书籍了解。

本项目介绍一款简单的闪灯电路制作方法，让学生初步认识一款真实的电子产品，使学生熟悉电子产品，了解元器件的识别与检测，完成电路接线图的识读，能制作并调试电路。

任务一　元器件识别与检测

【学习目标】

在工作页的指引下能分析闪灯电路的工作原理，会基本元器件的识别与检测方法。

【学习准备】

一、闪灯电路基本原理

1. 电路原理图

闪灯电路原理图如图2-1-1所示。

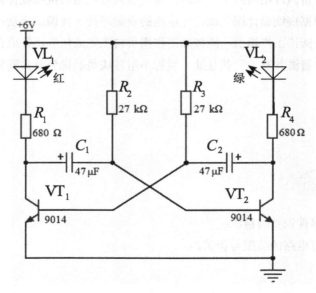

图2-1-1　闪灯电路原理图

2. 原理分析

1）电路中各元件的作用

闪灯电路各元件作用如表2-1-1所示。

表2-1-1 闪灯电路元件作用

标号	类型	参数	作用
VL_1、VL_2	发光二极管	Ø5 mm	发光，在合适的外加电压作用下被点亮
R_1、R_4	电阻	680 Ω	限流
R_2、R_3	电阻	27 kΩ	偏置，给三极管提供合适基极电流
C_1、C_2	电解电容	47 μF	充电、放电
VT_1、VT_2	三极管	S9014	开关

2）简要原理说明

闪灯电路是一个自激振荡电路（能自动输出不同频率、不同波形的交流信号，使电源的直流电能转换成交流电能的电子线路），通过电容的充电、放电，使三极管在饱和、截止两种工作状态之间跳变，即三极管工作于开关状态，发光二极管被依次点亮，交替闪烁。

二、常用元件介绍

1. 电阻

电阻元件是电子电路中最为常见，使用最广泛的元器件。本项目电路使用的电阻为普通的金属膜电阻器，均为1/4 W。

1）电阻的种类与外形

常见电阻种类与外形如图2-1-2所示。

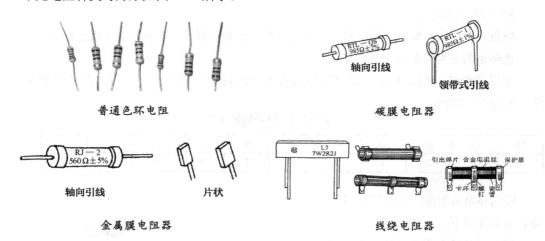

图2-1-2 常见电阻种类与外形

2）电阻的标称阻值

电阻元件在制造时并不是按照任意的阻值进行生产制造，而是生产出一定的阻值系列，称为标称阻值。常见的电阻标称阻值如表2-1-2所示。

表2-1-2　电阻标称阻值

阻值系列	允许误差	误差等级	标称阻值
E-24	±5%	I	1.0，1.1，1.2，1.3，1.5，1.6，1.8，2.0，2.2，2.4，2.7，3.0，3.3，3.6，3.9，4.3，4.7，5.1，5.6，6.2，6.8，7.5，8.2，9.1
E-12	±10%	II	1.0，1.2，1.5，1.8，2.2，2.7，3.3，3.9，4.7，5.6，6.8，8.2

3）电阻的额定功率

常用电阻的额定功率为：

$\frac{1}{8}$ W，$\frac{1}{4}$ W，$\frac{1}{2}$ W，1w，2w，3w，5w，10w。

电阻功率的选择应视该电阻在电路中通过电流的大小来决定。若电路电流较大却选用了较小功率的电阻，电阻将可能会被烧毁。

某些纯电阻用电器（如热水器、电热器等）有一定的额定功率，且功率值较高，因此不能将之视为一般意义上的电阻器。

4）电阻的误差等级

误差小于等于2%为精密电阻器；误差大于等于5%为普通电阻器。

5）电阻的色环标注法

电阻元件的阻值标注一般有直标法、文字符号法和色标法。普通电阻常用色标法。

色环电阻分为四色环和五色环。

先说四色环。顾名思义，就是用四条有颜色的环代表阻值大小。每种颜色代表不同数字，如表2-1-3所示。

表2-1-3　色环数字含义

棕	红	橙	黄	绿	蓝	紫	灰	白	黑	金	银
1	2	3	4	5	6	7	8	9	0	10^{-1}	10^{-2}

四色环电阻如图2-1-3所示，其色环表示意义如下：

第一条色环：阻值的第一位数字；

第二条色环：阻值的第二位数字；

图2-1-3　四色环电阻

第三条色环：10的幂数，代表倍率；

第四条色环：误差（常用金、银色表示，金色为5%误差、银色为10%误差）。

【样例】

（1）电阻色环：棕—绿—红—金

            1   5 10^2 5%

表示该电阻阻值为：$15 \times 10^2 \pm 5\% = 1500\ \Omega = 1.5\ k\Omega$。

（2）电阻色环：蓝—灰—金—银

            6   8 10^{-1} $\pm 10\%$

表示该电阻阻值为：$68 \times 10^{-1} \pm 10\% = 6.8\ \Omega$。

五色环电阻如图2-1-4所示，其色环表示意义如下：

第一条色环：阻值的第一位数字；

第二条色环：阻值的第二位数字；

第三条色环：阻值的第三位数字；

图2-1-4 五色环电阻

第四条色环：10的幂数；

第五条色环：误差（常见是棕色，误差为1%）

有些五色环电阻两头金属帽上都有色环，远离相对集中的四道色环的那道色环表示误差，是第五条色环，与之对应的另一头金属帽上的是第一道色环，读数时从它读起，之后的第二道、第三道色环是次高位、次次高位，第四道环表示10的多少次方。

【样例】

（1）电阻色环顺序为：红—黑—黑—黑—棕

            2   0   0 10^0 $\pm 1\%$

表示该电阻阻值为：$200 \times 10^0 \pm 1\% = 200\ \Omega$。

（2）电阻色环顺序为：棕—黑—黑—红—棕

            1   0   0 10^2 $\pm 1\%$

表示该电阻阻值为：$100 \times 10^2 \pm 1\% = 10000\ \Omega = 10\ k\Omega$。

（3）电阻色环顺序为：黄—紫—红—橙—棕

            4   7   2 10^3 $\pm 1\%$

表示该电阻阻值为：$472 \times 10^3 \pm 1\% = 472000\ \Omega = 472\ k\Omega$。

阻值读取技巧：倒数第二个色环所表示的10的幂数，即表示有效值后有多少个0。

一般来说，四色环电阻为金、银色环在最后，误差为5%和10%；五色环电阻器为棕色环在最后，误差为1%，精度相对提高，被称为精密电阻。

2. 电容

电容在电子电路中应用广泛，是一种储能元件。它可以将电荷储存起来，一定条件下又可以释放电荷，这便是电容的充放电过程。本项目电路主要就是利用电容的充放电特性来实现电路的功能。

1）电容的图形符号

电容的图形符号如图2-1-5所示。

无极性电容：$\underset{0.1\mu}{\overset{C_1}{\underset{c}{\dashv\vdash}}}$　　　　极性电容：$\underset{47\mu}{\overset{C_2}{\dashv\vdash}}$

图2-1-5　电容的图形符号

2）电容的种类与外形

常见电容种类与外形如图2-1-6所示。

本项目电路使用的是电解电容。

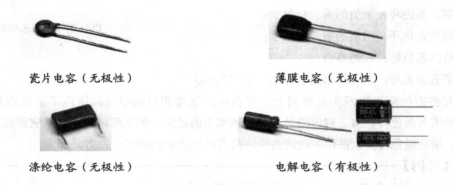

瓷片电容（无极性）　　　　　　薄膜电容（无极性）

涤纶电容（无极性）　　　　　　电解电容（有极性）

图2-1-6　常见电容种类与外形

3）电容的额定工作电压

所谓电容的额定工作电压，是指电容接入电路后，能长期、连续、可靠地工作而不被击穿所能承受的最高工作电压。使用时绝对不允许超过这个耐压值，否则电容器就会损坏或被击穿。

额定电压有：6.3 V、10 V、16 V、25 V、32 V、50 V、63 V、100 V、160 V、250 V、400 V、450 V、500 V、630 V、1000 V、1200 V、1500 V、1600 V、1800 V、2000 V等。

4）电容的标注

（1）直标法。直标法是将电容的主要参数（标称电容量、额定电压及允许偏差）直接标注在电容上，一般用于电解电容或体积较大的无极性电容。

如某电解电容表面标示为：220 μF/100 V，则表示该电容的电容量为220 μF，耐压值为100 V。

（2）数字标注法。数字标注法一般是用3位数字表示电容的容量。其中前两位数字为有效值数字，第三位数字为倍乘数（即表示有效值后有多少个0），单位为pF。数字标注法一般用在瓷片电容的标注上。

【样例】

　　102表示10×10² pF=1000 μF；

　　104表示10×10⁴ pF=100000 pF=0.1 μF；

　　105表示10×10⁵ pF=1 μF。

　　（3）字母与数字混合标注法。此标注方法是用2～4位数字表示有效值，用p、n、M、μ、G、m等字母表示有效值后面的量级。进口电容器在标注数值时不用小数点，而是将整数部分写在字母之前，将小数部分写在字母后面。

【样例】

　　4p7表示4.7 μF；　8n2表示8.2 nF即8200 μF；　3m3表示3.3 mF即3300 μF。

　　5）电解电容器极性的识别

　　（1）新出厂的电解电容器两个引脚中一般长脚为正极，短脚为负极。

　　（2）观察电解电容器表面的标注，标有长条细线对应的引脚为负极，另外一个引脚为正极。

3. 发光二极管

　　半导体二极管是一种常用的电子器件，同时也是一种最简单的半导体器件。二极管具有极性，其最重要的特性就是单向导电性。当二极管的正极（阳极）接电源正极、二极管的负极（阴极）接电源负极时，二极管导通，有电流流过二极管，称为正偏导通；当二极管负极（阴极）接电源正极、二极管正极（阳极）接电源负极时，二极管截止，此时没有电流流过二极管，称为反偏截止。

　　常见的二极管种类与外形如图2-1-7所示。

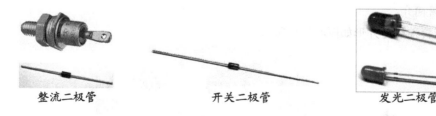

　　　整流二极管　　　　　　开关二极管　　　　　　发光二极管

图2-1-7　常见二极管种类与外形

　　本项目电路使用的是发光二极管，该二极管会发光。

　　1）发光二极管简介

　　发光二极管是一种光发射器件，英文缩写是LED。发光二极管通常由镓（Ga）、砷（As）、磷（P）等元素的化合物制成，管子正向导通，当导通电流足够大时，能把电能直接转换为光能，发出光来。

发光二极管的图形符号如图2-1-8所示。

图2-1-8　发光二极管的图形符号

发光二极管的发光颜色主要取决于制作管子的材料，发光二极管发光时应工作在正偏状态。

2）发光二极管的正向导通压降和工作电流

发光二极管有两个非常重要的参数，分别是正向导通压降（管压降）和工作电流，是决定发光二极管能否正常工作最重要的技术指标。

不同发光颜色的发光二极管的正向导通压降通常是不一样的，普通红色LED的压降为2.0～2.2 V，黄色LED的压降为1.8～2.0 V，绿色LED和蓝色LED的压降约为3.0～3.2 V。发光二极管一旦正向导通，其两端电压降维持不变。发光二极管的管压降一般用U_{on}来表示。

普通发光二极管正常工作电流范围一般为1～40 mA，正常发光时维持其电流10～20 mA为宜。

LED使用时应串联限流电阻，以便得到一个合适的工作电流，这样才能够被点亮。如图2-1-9所示，限流电阻不能过大，过大的电阻导致工作电流过小，无法点亮LED；限流电阻也不能过小，过小的电阻导致工作电流过大，将会烧毁LED。

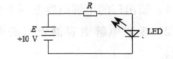

图2-1-9　串接限流电阻的发光二极管电路

本项目电路中的R_1和R_4就起到限流的作用，为DS_1和DS_2提供合适的工作电流（见图2-1-1）。

3）发光二极管极性的识别

（1）新出厂的发光二极管两个引脚，长脚为正极，短脚为负极。

（2）对于圆帽外形的发光二极管，其圆帽的边缘会有一个缺口，这个缺口对应的引脚为负极，另外一个引脚为正极。

4. 三极管

1）三极管简介

常见三极管种类与外形如图2-1-10所示。

图2-1-10　常见三极管种类与外形

半导体三极管也称双极型晶体管、晶体三极管，简称三极管，是一种电流控制电流的半导体器件。有3个引脚，分别为集电极（c），基极（b），发射极（e）。

（1）三极管作用：把微弱信号放大成辐值较大的电信号， 也用作无触点开关。

（2）三极管分类：①按材质分为硅管、锗管；②按结构分为NPN、PNP；③按功能分为开关管、功率管、达林顿管、光敏管等。

2）三极管的封装形式和管脚识别

三极管有数十种外形和规格，其外形结构和规格分别用字母和数字表示。常用三极管的封装形式有金属封装和塑料封装两大类，常见的三极管封装如图2-1-11所示。

本项目电路用到的三极管型号为9014，其封装为小型塑料封装TO-92，如图2-1-12所示。

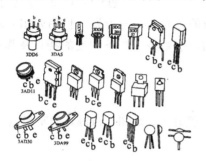

图2-1-11　常见三极管封装

图2-1-12　TO-92封装三极管

3）三极管的图形符号

三极管图形及符号如图2-1-13所示。

NPN型　　　　　　　　　　　　　PNP型

图2-1-13　三极管图形符号

4）三极管的工作状态

晶体三极管有以下三种工作状态：

（1）截止：$i_b=0$，$i_c=0$，$i_e=0$，无电流放大作用；集电极和发射极之间相当于开关的断开状态，三极管处于截止状态。

（2）放大：$i_c=\beta i_b$，$i_e=(\beta+1)i_b$，有电流放大作用，三极管处于放大状态。

（3）饱和：$i_b\neq 0$，$i_c\neq\beta i_b$，失去电流放大作用，u_{ce}小，集电极和发射极之间相当于开关的导通状态，三极管处于饱和状态。

三、万用表使用技能训练

万用表是一种多用途的电工电子仪表。它是从事电工、电器、无线电设备生产和维修人员的常用工具，可以测量电阻、直流电压、交流电压、直流电流、交流电流等多种参数。有的万用表还可以测量音频电平、电感、电容和某些晶体管特性等。基于上述基本参数的测试，万用表还可以用来间接检查各种电子元器件的好坏，检测、调试几乎所有的电子设备。万用表使用灵活，携带方便，用途广泛。

1. 万用表的基本结构

万用表主要由测量机构（习惯上称为表头）、测量线路、转换开关和刻度盘四部分构成。万用表面板上有带有多条标度尺的刻度盘、转换开关旋钮、调零旋钮和接线插孔等。各种类型的万用表外形布置不完全相同，国产MF-47型万用表外形如图2-1-14所示。

图2-1-14 指针式万用表外形

万用表的结构和形式多种多样，表盘、旋钮的分布也千差万别。使用万用表之前，必须熟悉每个转换开关、旋钮、插座和插孔的作用，了解表盘每条刻度的特点及其对应的被测电量。

2. 认识万用表的面板

一般万用表的下半部分为操作面板，分布有转换开关、旋钮、按键、插座和插孔。MF-47型万用表的面板如图2-1-15所示。

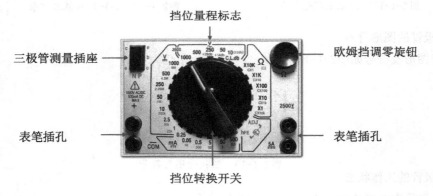

图2-1-15 MF-47型万用表面板

1）插孔

万用表的插孔用来接插表笔，红色表笔的插头应接到标有"+"符号的插孔中，黑色表笔的插头应接到标有"COM"的插孔中（有些类型标为"*"）。

红、黑表笔的区分是根据万用表内部电路来决定的，在测量直流电流或电压时，应使电流从红表笔流入，由黑表笔流出。这样，万用表才能正确指出被测电量的数值。否则不仅不能测量数值，还很可能毁坏万用表。

除红、黑表笔插孔外，还有其他一些辅助的插孔。如"2500V"插孔是用来测量高电压的，当被测电压为1000～2500V之间时，可将红色表笔插入该插孔中，则黑色表笔插入标有"COM"符号的插孔，同时万用表挡位转换开关置于电压1000V挡上（直流高电压测量时置于直流1000V挡，交流高电压测量时则置于交流1000V挡）。

"5A"插孔只在测量0.5～5 A之间的直流电流时使用，此时，将万用表红色表笔插入该插孔，黑色表笔插入"COM"插孔，量程开关置于直流电流的任意位置上即可测量。

2）挡位转换开关和挡位量程标志

万用表是一个多电量、多量程的测量仪表，在测量中应首先选择相应的电量和挡位量程。挡位转换开关用于切换不同的挡位，需要注意，测量过程中若需切换挡位应在表笔离开被测物的状态下进行。

挡位量程标注围绕转换开关标注在面板上，共划分为五部分，主要是测量五类常用的电量参数（需要指出的是，很多挡位是具有复用功能的）。这五类被测参数分别为：

直流电流（标注为mA）；

直流电压（标注为 $\underline{V}$ ）；

交流电压（标注为 $\underset{\sim}{V}$ ）；

电阻值（标注为Ω）；

三极管直流放大系数（标注为 h_{FE}）。

这五类电量参数，每一类都有不同的挡位量程，测量时一定要选择准确电量类别和相应的挡位量程。一旦选择错误，会使测量参数结果产生错误，严重时会烧毁万用表。

3）欧姆挡调零旋钮

当使用欧姆挡进行电阻值测量时，需进行欧姆挡调零，实现此功能就需要调节欧姆挡调零旋钮。同时，欧姆挡调零旋钮在测量三极管直流放大系数时也需要用上。

4）三极管测量插座

将待测的三极管插入与其类型相应的插座中，便可测量三极管的直流放大系数。

3. 认识万用表的刻度盘

万用表刻度盘一般位于上半部分，分别标有各种被测电量的刻度尺，以方便使用者读取被测量的数据。MF-47型万用表的刻度盘如图2-1-16所示。

图2-1-16 MF-47型万用表刻度盘

常用的刻度尺由上往下依次为：

（1）"Ω"刻度尺：测量被测物的电阻值时读取。"Ω"刻度尺为非线性分布，因其0点位于刻度盘的右边，因此读取数据应由右边开始。

（2）"DCV.mA""ACV"刻度尺：测量直流电压、直流电流以及10V以上的交流电压时读取。

（3）"AC10V"刻度尺：测量10V以内的交流电压时读取。

（4）"C（μF）"刻度尺：测量被测物的电容量时读取。

（5）"h$_{FE}$"刻度尺：测量三极管直流放大系数时读取。

4. 使用万用表测量电阻

（1）选择合适的欧姆挡量程（倍乘数）；

（2）欧姆挡调零；

（3）试测量，观察表针位置；

（4）若指针位于"Ω"刻度尺中间范围（5～50），读取读数；

（5）将读数乘以挡位倍乘数，得到数据并记录；

（6）若指针过偏于刻度尺两端，取消该次测量；

（7）重新选择合适的量程；

（8）重新进行欧姆挡调零；

（9）测量，读取读数；

（10）将读数乘以挡位倍乘数，得到数据并记录。

欧姆挡的调零：在测量电阻之前，将两支表笔短路，调节欧姆挡调零旋钮，使表针偏转至"Ω"刻度尺的0点处。

在使用欧姆挡之前和变换量程后，都要进行欧姆挡调零工作。

测量读数读取的要点：眼睛应正视表针，使表针与镜像中的指针相重合。

5. 使用万用表测量直流电压

1）已知被测电压的范围值

（1）选择合适的直流电压挡量程（大于被测电压又最接近被测电压的挡位）；

（2）红表笔接被测电压高电位端（或正极），黑表笔接被测电压低电位端（或负极）；

（3）测量，读取"DCV.mA"刻度尺读数并记录。

2）未知被测电压的范围值

（1）选择直流电压挡的最大量程挡位；

（2）试测量，若表针过偏于刻度尺左边（刻度尺左边1/5的部分），取消该次测量；

（3）选择小一级的量程挡位，测量，使表针指示在合适的位置；

（4）读取读数并记录。

被测电压高低电位（正负极）的判断方法：采用点触法，用表笔快速接触被测电压，观察表针是否往左偏转。若是，则表笔接反，应调换过来。

电压测量读数的读取方法：以所选量程作为对应刻度尺的最大值，然后回溯指针的位置，按比例读取该指示位置的读数。电流读数的读取方法同理。

6. 使用万用表测量交流电压

1）已知被测电压的范围值

（1）选择合适的交流电压挡量程（大于被测电压又最接近被测电压的挡位）；

（2）测量，读取"ACV"刻度尺（或"AC10V"刻度尺）读数并记录。

2）未知被测电压的范围值

（1）选择交流电压挡的最大量程挡位；

（2）试测量，若表针过偏于刻度尺左边（刻度尺左边1/5的部分），取消该次测量；

（3）选择小一级的量程挡位，测量，使表针指示在合适的位置；

（4）读取读数并记录。

交流电压10 V的量程挡位，对应的刻度尺为独立的。

交流电压测量时无须考虑表笔所接触电压的极性。

被测交流电的频率应在50～5000 Hz范围，而超过500 V的被测交流电只能为工频。

高电压测量务必防止触电。

7. 使用万用表测量直流电流

1）已知被测电流的范围值

(1)选择合适的直流电流挡量程（大于被测电流又最接近被测电流的挡位）；

(2)断开被测支路，将万用表的两个表笔串接在电路中，其中红表笔为被测电流流入端，黑表笔为被测电流的流出端；

(3)测量，读取"DCV.mA"刻度尺读数并记录。

2）未知被测电流的范围值

（1）选择直流电流挡的最大量程挡位；

（2）试测量，若表针过偏于刻度尺左边（刻度尺左边1/5的部分），取消该次测量；

（3）选择小一级的量程挡位，测量，使表针指示在合适的位置；

（4）读取读数并记录。

使用电流挡测量电流时，表笔一定不能并联在电路中，否则会烧毁万用表。

被测电流方向的判断方法：采用点测法，先将万用表黑表笔接于被测支路一端，然后用红表笔快速接触被测支路另一端，观察表针是否往左偏转。若是，则表笔接反，应调换过来。

8. 使用万用表测量三极管直流放大系数β值

（1）将挡位转换开关调节到ADJ位置；

（2）将红黑表笔短接，调节欧姆挡调零旋钮，使万用表的指针位于"h_{FE}"刻度尺的量程值处；

（3）将挡位转换开关调节到h_{FE}位置；

（4）将待测的三极管插入与之类型一致的插座中，其中NPN型三极管插入N型插座，PNP型三极管插入P型插座；

（5）读取"h_{FE}"刻度尺的读数并记录。

9. 万用表使用的注意事项

(1)在使用万用表之前，应先进行"机械调零"，即在没有被测电量时，使万用表指针指在零电压或零电流的位置上。

(2)在使用万用表过程中，不能用手去接触表笔的金属部分。这样一方面可以保证测量的准确，另一方面也可以保证人身安全。

(3)在测量某一电量时，不能在测量的同时换挡，尤其是在测量高电压或大电流时，更应注意。否则，会使万用表毁坏。如需换挡，应先断开表笔，换挡后再去测量。

(4)万用表在使用时，必须水平放置，以免造成误差。同时，还要注意避免外界磁场对万用表的影响。

四、常用电子元器件的检测方法

1.普通电阻器的检测方法

对电阻器的检测主要是看其实际阻值与标称阻值是否相符。

具体的检测方法是：用万用表的欧姆挡，欧姆挡的量程应视电阻器阻值的大小而定。一般情况下应使表针落到刻度盘的中间段，以提高测量精度。

2.电容器质量的检测

万用表不能准确测量电容器的电容量，但可以用来大致判别电容器性能的好坏。电容器的检测应使用万用表的欧姆挡，并且必须根据电容器容量的大小，选择合适的量程进行测量，才能正确判断。对于欧姆挡量程选用的基本原则是：被测电容器容量越大，欧姆挡量程应越小。一般如测量470μF以上容量的电容器时，可选用$R×10$挡或$R×1$挡；47～470μF电容器时可选用$R×100$挡；如要测4.7～47μF的电容器时可选用$R×1k$挡；如测0.01～4.7μF的电容器时，可选用$R×10k$挡。（对于0.01μF以下的小容量电容器，用万用表不能准确进行检测）

检测方法如下：

将万用表黑表笔接电容正极（若为无极性电容则无须考虑），红表笔接电容负极。在表笔接触电容引脚时，万用表指针很快向顺时针方向（R为"0"的方向）偏转一个角度，然后逐渐退回到原来的"∞"位置，说明电容器的漏电电阻很小，表明电容器性能良好，能够正常使用。若万用表不能回到"∞"位置，说明电容器存在漏电。表针距离阻值"∞"位置越远，说明电容器漏电越严重。

若表针停留在"0"值附近，则说明电容器已被击穿短路了。

检测时，发现表针不动，则说明电容器断路。

3. 发光二极管极性的检测

1）使用万用表判断极性

因发光二极管的管压降较高，使用指针式万用表检测时应选择R×10k挡。

检测过程：用红、黑表笔同时搭接发光二极管的两个引脚，观察万用表指针的偏转情况，然后对调表笔，重新测量，两次测量中，指针偏转大的一次，黑表笔所接的引脚便是发光二极管的正极，红表笔所接的引脚是发光二极管的负极。

在测量过程中，指针偏转大时万用表的欧姆挡读数即为发光二极管的正向电阻值，指针偏转小时万用表的欧姆挡读数即为发光二极管的反向电阻值。

2）发光二极管质量好坏判断

在上述测量中，如果两次指针偏转均很小，则表明发光二极管已经开路；如果两次指针偏转均很大，则说明发光二极管已击穿。

4. 使用万用表判断三极管的引脚和类型

测判方法："三颠倒，找基极；PN结，定管型；顺箭头，偏转大；测不准，动嘴巴。"

测试三极管要使用万用电表的欧姆挡，并选择$R×100$或$R×1k$挡位。

（注：红表笔所连接的是表内电池的负极，黑表笔则连接着表内电池的正极。）

1）三颠倒，找基极

操作：任取两个电极（如这两个电极为1、2），用万用电表两支表笔颠倒测量它的正、反向电阻，观察表针的偏转角度；接着，再取1、3两个电极和2、3两个电极，分别颠倒测量它们的正、反向电阻，观察表针的偏转角度。

分析：在这三次颠倒测量中，必然有两次测量结果相近，即颠倒测量中表针一次偏转大，一次偏转小；剩下一次必然是颠倒测量前后指针偏转角度都很小，所测阻值大的这一次未测的那只管脚就是基极。

2）PN结，定管型

操作：找出三极管的基极后，就可以根据基极与另外两个电极之间PN结的方向来确定管子的导电类型。将万用表的黑表笔接触基极，红表笔接触另外两个电极的任一电极。

分析：若表头指针偏转角度很大，所测阻值小，则说明被测三极管为NPN型管；若表头指针偏转角度很小，所测阻值大，则被测管即为PNP型。

3）顺箭头，偏转大

找出了基极b，那么另外两极如何确定呢？可以用测穿透电流I_{CEO}的方法确定集电极c和发射极e。

（1）NPN型的操作为：用手指分别捏住三极管的b极和假定的c极，用万用电表的黑、红表笔颠倒测量两极间的正、反向电阻R_{ce}和R_{ec}；

分析：两次测量结果中万用表指针偏转角度稍大的，黑表笔所接的一定是集电极c，红表笔所接的一定是发射极e，电流的流向一定是：黑表笔→c极→b极→e极→红表笔，正好与三极管符号中的箭头方向一致（"顺箭头"）。

（2）PNP型操作：与NPN型的操作一样；

分析：两次测量结果中万用表指针偏转角度稍大的，黑表笔所接的是发射极e，红表笔所接的是集电极c，其电流流向是：黑表笔→e极→b极→c极→红表笔，与三极管符号中的箭头方向一致。

4）测不出，加点水

若在"顺箭头，偏转大"的测量过程中，由于颠倒前后的两次测量指针偏转均太小，难以作出区分，则要"加点水"。即捏住管脚的手指蘸水后再按"顺箭头，偏转大"的方法进行判别。

5. 使用万用表确定三极管的β值

（1）将挡位转换开关调节到ADJ位置；

（2）将红黑表笔短接，调节欧姆旋钮，使万用表的指针位于"h_{FE}"刻度尺的量程值处；

（3）将挡位转换开关调节到h_{FE}位置；

（4）将待测的三极管插入与之类型一致的插座中，其中NPN型三极管插入N型插座，PNP型三极管插入P型插座；

（5）读取"h_{FE}"刻度尺的读数并记录。

五、闪灯电路的具体工作原理

闪灯电路原理图如图2-1-1所示。

（1）初始状态：在上电初始状态，两个三极管的基极均处于正向偏置状态，通过27kΩ电阻（R_2、R_3）承受正向电压，两个电解电容被充电。随着工作过程进行，由于两个三极管本身特性参数的差异，会出现一个优先饱和导通的情况。假设左侧三极管VT_1优先导通，三极管导通后其U_{CE}压降会迅速降低，即VT_1的集电极电位降至接近0V，与之连接的耦合电容C_1两端电压因不能突变需保持两端电压不变，使得与C_1负极连接的三极管VT_2基极电位降低为负压，使VT_2截止，VT_2的集电极电位升至接近6V。

（2）第一个暂稳态：此时VT_1导通，使得发光二极管VT_1形成工作回路，从而被点亮，同时C_1放电；而VT_2截止，VT_2没有电流流过，呈现为熄灭状态，同时C_2充电。

（3）翻转过程：在C_1的放电过程中，其负极电位逐渐升高，右侧三极管VT_2的基极电位随之升高，使VT_2导通，VT_2的集电极电位降至接近0V，与之连接的耦合电容C_2两端电压因不能突变需保持两端电压不变，使得与C_2负极连接的三极管VT_1基极电位降低为负压，使VT_1截止，VT_1的集电极电位升至接近6V。

（4）第二个暂稳态：此时VT_2导通，使得发光二极管VT_2形成工作回路，从而被点亮，同时C_2放电；而VT_1截止，VT_1没有电流流过，呈现为熄灭状态，同时C_1充电。

（5）自激振荡：不断循环往复，便形成了自激振荡。从而形成两个发光二极管交替闪烁的效果。

【工作过程】

一、认识万用表

（1）记录万用表面板上相关位置的标示，指出其意义或作用，填写表2-1-4。

表2-1-4　万用表面板标示及其作用

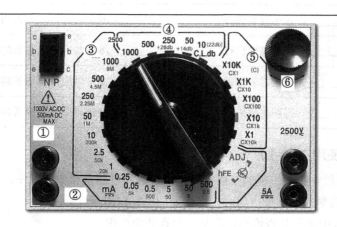

1. 表笔插孔	①处标示：_____，该插孔应接_____表笔
	②处标示：_____，该插孔应接_____表笔
2. 挡位转换开关和挡位量程	③处标示：_____，说明需要测量_____时应选用这些挡位
	④处标示：_____，说明需要测量_____时应选用这些挡位
	⑤处标示：_____，说明需要测量_____时应选用这些挡位
3. 调零旋钮	⑥处标示：_____，说明当进行_____测量时需用到它

（2）记录万用表刻度盘上相关位置的标示，指出其意义或作用，填写表2-1-5。

表2-1-5　万用表刻度盘标示及其作用

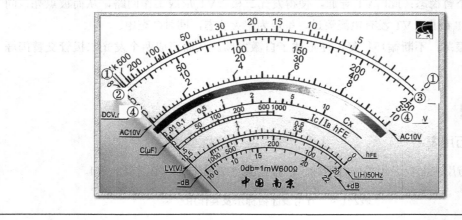

①处标示：_____，说明需要进行_____测量时应读取该条刻度值
②处标示：_____，说明需要进行_____测量时应读取该条刻度值
③处标示：_____，说明需要进行_____测量时应读取该条刻度值
④处标示：_____，说明需要进行_____测量时应读取该条刻度值

二、万用表使用实例判断

1. 以下是测量电阻时出现的一些实例，请根据测量要点和实践操作，进行思考和分析。

（1）有一位同学某次测量电阻时，操作如图2-1-17所示。请问他在这次测量中操作是否恰当？你是否同意他的操作？若不同意，你会如何改进操作？_____

_____。

图2-1-17　测电阻实例1

（2）有一位同学某次测量电阻时，表针的指示如图2-1-18所示，他按照图中读数进行记录，乘以欧姆挡量程，得出电阻的电阻值。请问他这次测量是否合理？你是否同意他的测量？若不同意，你会如何进行操作？_____

_____。

图2-1-18　测电阻实例2

（3）有一位同学测量电阻，已经选择好的欧姆挡量程为×100，她的测量操作正确，表针的指示如图2-1-19所示。图示表明她所测电阻的电阻值应为_____

图2-1-19　测电阻实例3

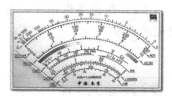

图2-1-20　测直流电压实例1

2. 以下是测量直流电压时出现的一些实例，请根据测量的要点和实践操作，进行思考和分析。

（1）有一位同学测量直流电压时，表针指示出现如图2-1-20所示情况，分析这种情况出现的原因，应如何改进？ _____

_____。

图2-1-21　测直流电压实例2

（2）有一位同学测量直流电压时，他在读数时的视角如图2-1-21所示。请问他这种做法是否合理？你是否认可他的做法？若不认可，你应如何改进？ _____

_____。

（3）有一位同学测量电压，已经选择好的直流电压挡量程为250 V，他的测量操作正确，表针的指示如图2-1-22所示。图示表明他所测直流电压的电压值应为_____。

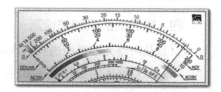

图2-1-22　测直流电压实例3

3. 以下是同学们在测量交流电压时出现的一些实例，请根据测量的要点和实践操作，进行思考和分析。

（1）有一位同学测量交流电压时，表针的指示出现如图2-1-23所示情况，分析这种情况出现的原因以及可能造成的后果，请思考应该如何改进？ _____

_____。

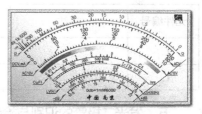

图2-1-23　测交流电压实例1

（2）有一位同学测量交流电压，已经选择好的交流电压挡量程为10 V，他的测量操作正确，表针的指示如图2-1-24所示。图示表明他所测直流电压的电压值应为_____。

三、电阻的识别与检测

（1）从给出元器件中选择出本电路所用到的电阻元件。

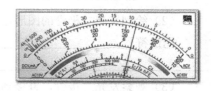

图2-1-24　测交流电压实例2

（2）在色环电阻中，每种颜色代表不同的数字，请在表2-1-6给出的颜色下方填写对应的数字。

表2-1-6　色环电阻颜色含义

棕	红	橙	黄	绿	蓝	紫	灰	白	黑	金	银

（3）按原理图为电阻分别编号，进行识别和检测，填写表2-1-7。

表2-1-7　电阻检测记录

元件编号	色环	标称值	万用表实测值	好坏判别
R_1				好 □　坏 □
R_2				好 □　坏 □
R_3				好 □　坏 □
R_4				好 □　坏 □

四、电容器的识别与检测

（1）从所给元器件中选择出本项目电路需要用到的电容器。

（2）按原理图为电容分别编号，进行识别和检测，填写表2-1-8。

表2-1-8　电容检测记录

元件编号	标注	电容量	耐压值	好坏判别方法	好坏结论
C_1					好 □　坏 □
C_2					好 □　坏 □

五、发光二极管的识别与检测

（1）从所给元器件中选择出本项目电路需要用到的发光二极管。

（2）绘制发光二极管的图形符号。

图形符号：_____

_____。

（3）观察发光二极管，直接判断发光二极管的正负极性。

目视判别发光二极管极性的方法：_____

_____

_____。

（4）使用万用表判断发光二极管的极性。

（5）使用万用表检测发光二极管的正反向电阻（使用欧姆挡×10k挡）。

VL_1正向电阻：_____；VL_1反向电阻：_____；

VL_2正向电阻：_____；VL_2反向电阻：_____。

六、三极管的识别与检测

（1）从所给元器件中选择出本项目电路需要用到的三极管。

（2）绘制三极管的图形符号。

NPN型：_____；PNP型：_____。

（3）知识回顾，完成下面的题目。

①三极管的作用是_____。

②三极管按材质分为_____、_____两种；按结构分为_____、_____两种。

③三极管有_____、_____、_____三种工作状态。

（4）记录各个三极管的标注。

VL_1标注为_____；

VL_2标注为_____。

（5）使用万用表判断三极管的引脚和类型。

取出其中一个三极管，用万用表判断其引脚和类型。

引脚名：

1—_____

2—_____

3—_____

类型：□NPN □PNP

（6）使用万用表测量三极管的β值。

VT_1的β值：_____；

VT_2的β值：_____。

任务二 闪灯电路的装配与调试

【学习目标】

能完成电路接线图的识读，完成闪灯电路的安装焊接，并调试。

【学习准备】

前面已经了解了闪灯电路的工作原理以及相关元器件的功能。但仅有这些知识还不能真正制作出闪灯电路的实物来，若需要将真正的实际电路实现，就必须要有由原理图转换成的实际接线图。

电路的实际接线图与电路原理图是不同的概念，要制作真实的具有功能的电路，至少需要考虑三个方面：电子元器件的实际大小和引脚位置、电路板的规格以及电路的实际连线。在电子技术应用领域，识读电路接线图和设计电路接线图是必不可少的技能。本任务将学习简单电路接线图的识读方法，并根据项目一所学知识完成电路的装配与调试。另外，本任务提供电路接线图的手工设计方法，作为拓展知识供同学们学习。采用计算机进行辅助设计接线图将在项目三以及后续项目中学习。

一、闪灯电路接线图识图方法

闪灯电路的接线图如图2-2-1所示。

实际操作中的识图要点如下：

（1）在实际电路中，元器件是直接安装在上面的。因此接线图中，元器件在图上的表现形式（这种表现形式称为封装形式）是其真实尺寸的投影轮廓以及引脚的位置。

例如在本电路接线图中，因电解电容C_1、C_2的实物是圆柱体，当它们立式安装在电路板上时，其落在板上的投影轮廓就是一个圆，电解电容本身有两个引脚，因此在圆的中间有两个匹配其引脚位置的焊盘，因电解电容是有极性元件，故在某一焊盘侧标上"+"号，表示正极引脚应安装在这个焊盘上。

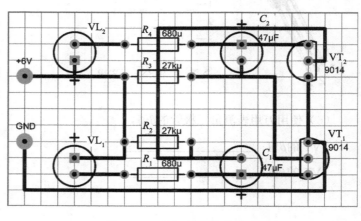

图2-2-1 闪灯电路接线图

图2-2-1中，两个电解电容的安装位置在C_1、C_2处，正极引脚都应朝外；发光二极管的投影轮廓与电解电容类似，也是圆形，安装在VL_1、VL_2处，不过两个LED的正极都应朝内。

电阻和三极管的识图与上述同理。

（2）在元件与元件之间需要连线，才能构成实现功能的电路，在接线图中，连线是根据原理图中元件引脚间的导线而定的，跟原理图的导线不同的是，接线图中的连线不能互相交叉，否则会在实际电路中产生短路现象。

如图2-2-2所示，接线图中的"1"号接线对应原理图中的"1"号导线，"2"号接线与"2"号导线同理。在原理图中，"1""2"号导线是可以交叉的（这样处理并不影响电路的原理分析）；而在接线图中，"1""2"号连线是不能交叉的，形成了绕行的效果。也就是说，在接线图中，每一个连接关系要形成连线，都必须是"各走各的路"。

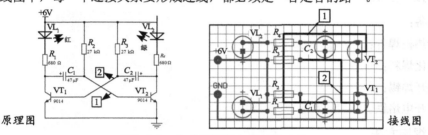

图2-2-2　电路接线图与原理图对照

（3）本项目电路的电路板采用的是万能电路板，元件安装在没有铜箔的一面，元器件的引脚和线路焊接在有铜箔面。因此需要将接线图分解成安装面和焊接面。插装元器件时可按元器件布局图来确定。

闪灯电路元器件布局图，如图2-2-3所示。

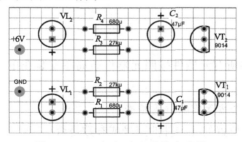

图2-2-3　闪灯电路元器件布局图

因万能电路板的特点是本身具有一系列的焊盘孔，并不是专门给特定电路预留焊盘，因此在插装元器件时应根据接线图元器件的安装间距（数好引脚间跨越焊盘孔的数目）来确定元件的位置。

（4）焊接元器件和线路是在焊接面进行的，因此焊接面的焊点和线路应进行镜像处理。镜像处理后的焊接面分布图，可以方便地进行焊接。

从焊接面看过去的元器件焊点（见图2-2-4），焊接面接线图（见图2-2-5）。

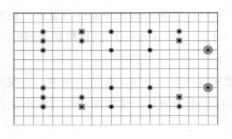
图2-2-4 闪灯电路焊接面焊点

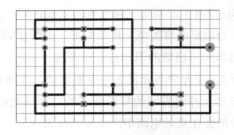
图2-2-5 闪灯电路焊接面接线图

二、回顾手工焊接方法

手工焊接五步法：

（1）准备；

（2）加热被焊件；

（3）熔化焊料；

（4）移开焊锡；

（5）移开电烙铁。

光芯线焊接方法：

（1）焊接固定元器件；

（2）直线连接的两个焊点的焊接方法；

（3）绕行连接的两个焊点的焊接方法；

（4）直接连接的两个紧靠的焊点的焊接方法。

三、电路装配流程

1.元器件试安装

元器件试安装是指将所有元器件按照元器件布局图安装在电路板上，观察元器件安装的总体情况是否合理。

元器件试安装时有两个方面需要注意检查：

（1）安装在相应封装位置的元器件的型号或参数是否准确；

（2）有极性的元器件其管脚是否安装正确。

本电路试安装时要留意：

（1）各电阻不能随意调换；

（2）发光二极管、电解电容，其引脚需正确安装，不可弄反正、负极；

（3）三极管同样具有方向，不可弄错。

本电路元器件安装示例如图2-2-6所示。

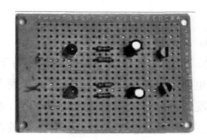

图2-2-6　闪灯电路安装示意图

2. 安装、焊接

将试安装时装上的各个元件取下，然后重新依次安装在电路板上。每安装一个元件，便将之焊接固定在板上，再接着安装下一个元件并焊接。

安装焊接参考顺序：

（1）高度低、体积小的元件先安装、焊接；

（2）高度较高、体积大的元件后安装、焊接；

（3）根据焊接面接线图焊接元件之间的连线（光芯线）；

（4）无须焊接的固定件最后安装。

3. 整机装配

最后，将焊接好的电路板、连线、电器（设备）面板以及电器（设备）外壳连接组装起来，形成一个可以使用的成品。

四、拓展知识：电路接线图的手工设计方法

前面介绍了电路接线图的识图方法，下面以一个样例（叮咚门铃电路）介绍电路接线图的手工设计方法。

复杂的装配接线图一般采用计算机辅助设计，也就是常说的印刷电路板。印刷电路板的设计与实现我们将在后面的项目中学习。掌握手工设计接线图的方法，可以为以后使用计算机进行复杂电路板设计打下良好的基础。

1. 电路板图设计原则

1）电路板的尺寸

首先电路板的尺寸因受机箱外壳大小限制，要以能恰好安放入外壳内为宜；其次，应考虑电路板与外接元器件（主要是电位器、插口或另外印刷电路板）的连接方式。电路板与外接元件一般是通过塑料导线或金属隔离线进行连接。但有时也设计成插座形式。即在设备内安装一个插入式印刷电路板要留出充当插口的接触位置。对于安装在电路板上的较大的元器件，要加金属附件固定，以提高耐震、耐冲击性能。

2）电路板的版面布局

（1）按照信号流走向布局。

对整机电路的布局原则是：把整个电路按照功能划分成若干个电路单元，按照电信号的流向，逐个依次安排各个功能电路单元在板上的位置，使布局便于信号流通，并使信号流尽可能保持一致的方向。在多数情况下，信号流向安排成从左到右（左输入、右输出）或从上到下（上输入、下输出）。与输入、输出端直接相连的元器件应当放在靠近输入、输出接插件或连接器的地方。以每个功能电路的核心元件为中心，围绕它来进行布局。

（2）优先确定特殊元器件的位置。

所谓特殊元器件，是指那些从电、磁、热、机械强度等几方面对整机性能产生影响或根据操作要求而固定位置的元器件。

（3）防止电磁干扰的考虑。

相互可能产生影响或干扰的元器件，应当尽量分开或采取屏蔽措施。

由于某些元器件或导线之间可能有较高电位差，应该加大它们的距离，以免因放电、击穿引起意外短路。金属壳的元器件要避免相互触碰。

3）元器件布局

（1）元器件在整个版面上分布均匀、疏密一致。

（2）元器件不要占满版面，注意板边四周要留有一定空间。

（3）一般元器件应该布设在印制板的一面，并且每个元器件的引出脚要单独占用一个焊盘。主要导线布在无元件的另一面。

（4）元器件的布局不能上下交叉。

（5）元器件的安装高度要尽量低，一般元件体和引线离开板面不要超过5mm。

（6）根据印制板在整机中的安装位置及状态，确定元器件的轴线方向。提高元器件在板上固定的稳定性。

（7）元器件两端焊盘的跨距应该稍大于元件体的轴向尺寸。

（8）IC（座）：设计印刷板图时，在使用IC座的场合下，一定要特别注意IC座上定位槽放置的方位是否正确，并注意各个IC脚位是否正确，例如第1脚只能位于IC座的右下角线或者左上角，而且紧靠定位槽（从焊接面看）。须注意原理图中有时并不标出IC的电源端线，制板时不能漏掉。

4）电路板中的连线

（1）布线方向。从焊接面看，元器件的排列方位尽可能保持与原理图相一致，布线方向最好与电路图走线方向相一致。

（2）进出接线端布置。相关联的两引线端不要距离太大，一般为5～10mm较为合适。进出线端尽可能集中在1至2个侧面，不要太过离散。

（3）接线图电路中不允许有交叉电路，对于可能交叉的线条，可以用"钻""绕"两种办法解决。即，让某引线从别的电阻、电容、三极管脚下的空隙处"钻"过去，或从可能交叉的某条引线的一端"绕"过去。在特殊情况下如果电路很复杂，为简化设计也允许用导线跨接，解决交叉电路问题，跳线一般应布在元器件一面。

（4）在保证电路性能要求的前提下，设计时应力求走线合理，少用外接跨线，并按一定顺序要求走线，力求直观，便于安装和检修。

（5）设计布线图时走线尽量少拐弯，力求线条简单明了。

（6）设计时不同面的线路最好用不同颜色绘制。

2、叮咚门铃接线图设计参考流程

1）叮咚门铃电路原理图

电路原理图如图2-2-7所示。

2）元器件封装设计

实际接线图必须按照元器件真实的尺寸来设计，这样才能实现真正的电路功能。我们在设计接线图时要先确定好元器件封装，电路板上元器件封装应必须包含有两个方面：

（1）元器件本体的轮廓；

（2）元器件引脚所对应的焊盘。尤其是封装上的焊盘，因为焊盘对应的是元器件实物的引脚，如果焊盘位置不对或缺少，进行电路装配时元器件将无法安装，因此，设计元器件的封装时焊盘的位置和尺寸是重中之重。

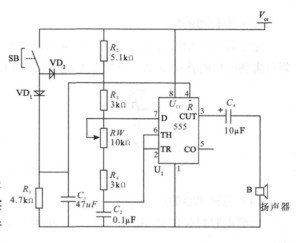

图2-2-7 叮咚门铃电路原理图

【说明】本样例中出现的部分元器件只做外形介绍和封装设计，其性能和参数将在后续的项目中学习；555集成电路在电路板上是安装在IC座上的，因此在设计时以8脚的IC座代替555集成电路。

（1）电阻的封装。

电阻为两个引脚的元件，而且其两个引脚的跨距是可以改变的，因此，可以设计电阻封装的焊盘距离为7.5 mm或10 mm。焊盘确定之后，便可确定电阻封装的轮廓。电阻参考封装图如图2-2-8所示。

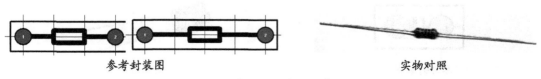

参考封装图　　　　　　　　　　　　实物对照

图2-2-8 电阻封装图

之所以采用7.5mm或10mm，是因为万能电路板上每两个焊盘孔之间的距离刚好为2.5mm（严格上为2.54mm），按2.5mm的倍数设计焊盘距离，可以使元件的引脚合适地安装在电路板上。其余元件一般也要遵循此原则。

（2）二极管的封装。

二极管的封装设计类似于电阻。还需注意其极性（见图2-2-9）。

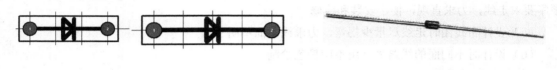

参考封装图　　　　　　　　　　　　　实物对照

图2-2-9　二极管封装图

（3）电位器的封装。

电位器为三引脚元件，其引脚之间的跨距不能调整，因此封装符号上焊盘之间的尺寸必须与实物引脚的真实距离一一相等（见图2-2-10）。

参考封装图　　　　　　　　　　　实物对照

图2-2-10　电位器封装图

（4）电解电容的封装。

电解电容封装图如图2-2-11所示，可根据实物大小设计焊盘的间距。需注意电解电容的极性。

参考封装图　　　　　　　　　　　　实物对照

图2-2-11　电解电容封装图

（5）无极性电容的封装。

无极性电容封装图如图2-2-12所示。

参考封装图　　　　　　　　　　　　实物对照

图2-2-12　无极性电容封装图

（6）按钮的封装。

如图2-2-13所示，按钮的管脚之间的跨距同样不能调整，设计时需留意其尺寸。

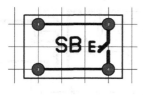

参考封装图　　　　　　　　　　　　　　实物对照

图2-2-13　按钮封装图

（7）扬声器的封装。

扬声器封装图如图2-2-14所示。

参考封装图　　　　　　　　　　　　　　实物对照

图2-2-14　扬声器封装图

（8）IC座的封装。

IC座封装图如图2-2-15所示，IC座的引脚间距离也是固定的，需按真实尺寸设计。

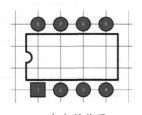 

参考封装图　　　　　　　　　　　　　　实物对照

图2-2-15　IC座封装图

3）元器件布局和布线设计

元器件的布局应按照电路板设计原则来设计。元器件的布局不是一次就可以成功的，要考虑到元器件的位置与尺寸、元器件与元器件之间的连线，要经过多次的尝试和调整，才可以设计出一个完好的电路板。本项目电路可参考以下步骤：

（1）IC座先确定在板中央位置；

（2）按钮开关可位于板的左上角；

（3）扬声器可位于板的右边；

（4）电位器可定在板的边缘；

（5）其他元器件根据原理图的连接关系逐一确定在相应位置。

元件安装布局如图2-2-16所示，电路整体布线如图2-2-17所示。

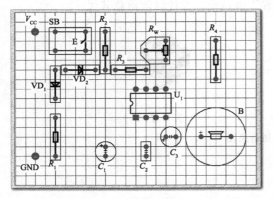

图2-2-16　叮咚门铃电路元件安装布局参考

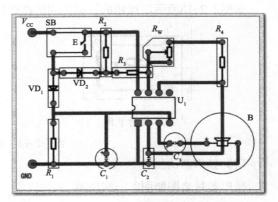

图2-2-17　叮咚门铃电路元件整体布线参考

【工作过程】

一、元器件准备

列出本项目电路所需元器件的清单，填入表2-2-1中。

表2-2-1　元器件清单

元件名称	元件在电路中的编号	元件型号或标称值	数量

二、设备器材准备

本项目要准备的器材有：稳压电源、电烙铁、万用表、焊锡、助焊剂、万能电路板、光芯线（镀锡铜线）、斜口钳、镊子等。

三、安装焊接电路

（1）根据给出的元器件布局图，进行试安装。

如何判别发光二极管与电解电容的极性？

发光二极管极性的判别方法：_____。

电解电容极性的判别方法：_____。

（2）将各个元器件依次安装焊接在万能电路板上。

本任务中元器件的安装次序是_____

_____。

（3）根据焊接面接线图，焊接光芯线。

四、电路简单调试

接入+6V的直流电源电压，进行调试，观察它是否能实现功能：发光二极管交替闪烁。

在调试过程中，能否第一次调试就成功实现电路功能？

☐第一次调试电路就成功实现功能 　　　　☐第一次调试电路不能实现功能

（1）若你是属于第一次调试就成功的，请谈谈你认为你能成功的原因。

_____。

（2）若你第一次调试不能实现功能，请检查电路故障，记录相关故障现象，分析故障原因，并进行检修，排除故障，最后实现电路功能。

电路出现的故障现象有：

_____。

电路故障发生的原因是：

_____。

电路故障的发现和故障原因的分析是你独立完成的，还是在同学帮忙下完成，还是在老师的指引下完成的？

☐自己独立完成 　　　　☐同学帮忙完成 　　　　☐老师指导完成

你是如何排除电路故障的呢？将你的解决方法记录下来。

_____。

五、电路参数简单测试和原理分析

1. 电路闪烁频率测试

电路通电，记录2分钟（120秒）内两个LED闪烁变化次数的总和。

闪烁总数$N=$_____次。

可计算出：

LED闪烁周期 $T =$ _____s

LED闪烁频率 $f=$_____Hz

要改变发光二极管的闪烁速度，你认为应该更换哪个元器件？请尝试操作，并记录下你的观测情况（快慢如何变化）。

_____。

2. 原理简要分析

请用文字简单描述电路功能及原理。

可调式稳压电源电路的设计与工艺

项目三

知识目标

(1)能用Protel DXP 2004绘制原理图，完成PCB图的设计与绘制；

(2)能完成PCB板画板、腐蚀等制作工艺；

(3)能利用万用表判别二极管、电容的好坏和电极，能按照装配图完成电路的装配、焊接，能利用示波器、万用表等工具调测电路实现电路功能；

(4)能用文字描述稳压电源电路的工作原理、元件的作用；

(5)学会阅读工作指引，能按照工作指引自主完成任务，养成自主学习的好习惯；

(6)学会资源共享、互帮互助，发挥小组成员的优势共同完成任务，培养团队合作的精神。

任务分解

(1)利用Protel DXP 2004完成可调稳压电源电路原理图绘制；

(2)利用Protel DXP 2004完成可调式稳压电源电路封装的设计、绘制和PCB图的绘制；

(3)根据PCB板制作工艺，完成稳压电源电路的装配；

(4)熟悉稳压电源电路基本工作原理、组成和各元器件的作用；使用示波器和万用表完成电路参数测试。

学习背景

　　直流稳压电源是常用的电子设备，它能保证在电网电压波动或负载发生变化时，输出稳定的电压。一个低纹波、高精度的稳压源在仪器仪表、工业控制及测量领域中有着重要的实际应用价值。

　　直流稳压电源种类繁多，本项目主要介绍由LM317构成的可调式稳压电源电路从设计到制作成品的全过程。

【预备知识】

一、可调式稳压电源电路原理图

　　可调式稳压电路的原理图，如图3-0-1所示。

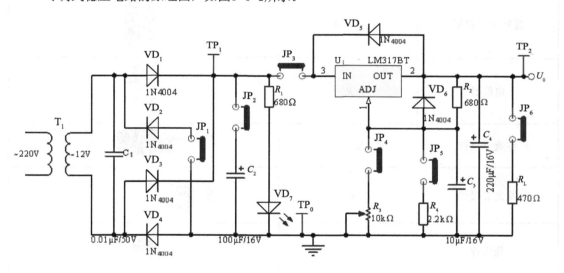

图3-0-1　可调式稳压电源电路原理图

二、可调式稳压电源电路元器件示意

可调式稳压电源电路的元器件示意如表3-0-1所示。

表3-0-1　可调式稳压电源电路元器件示意

元器件名称	编号	元器件外形
变压器	T_1	

元器件名称	编号	元器件外形
电容	C_1	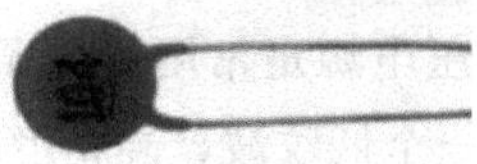
电解电容	C_2、C_3	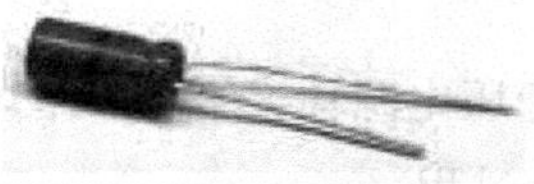
电解电容	C_4	
电阻	$R_1 \sim R_2$、R_4	
排针与短路帽	$JP_1 \sim JP_6$	
电位器	R_3	
整流二极管	$VD_1 \sim VD_6$	
发光二极管	VD_7	
稳压管	U_1	

任务一　可调式稳压电源电路原理图的绘制

【学习目标】

在工作页指引下能准确地完成可调式稳压电源电路原理图绘制和工作页的填写。

【学习准备】

一、工作流程

电路原理图绘制流程如图3-1-1所示。

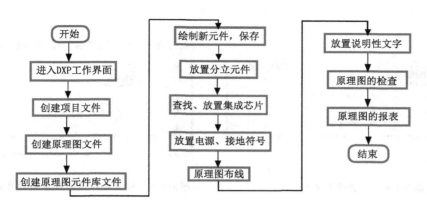

图3-1-1　电路原理图绘制流程

二、文件建立

1. 新建项目文件并命名

新建项目文件：WYDY.PRJPCB，并保存在桌面以班级序号姓名命名的文件夹中。

操作步骤如下：

1）新建项目文件（PCB Project）

双击图标 ，进入DXP工作界面（见图3-1-2）。

点击主菜单"File"命令，弹出下拉菜单，移动光标指向"New"命令，弹出下拉菜单，再次移动光标指向"Project"命令，在弹出的菜单中选择"PCB Project"命令（见图3-1-3）。

图3-1-2　DXP工作界面

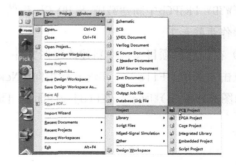

图3-1-3　新建项目文件

2）改名、保存

在Projects面板单击鼠标右键，弹出菜单中选择保存命令"Save Project"（见图3-1-4），完成项目文件的保存和重命名（见图3-1-5）。

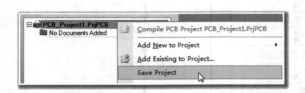 

图3-1-4　保存项目文件　　　　　图3-1-5　项目文件保存目录和项目名

图3-1-6、图3-1-7分别为文件创建后在Projects面板的树形显示和存储盘中的图标显示示意。

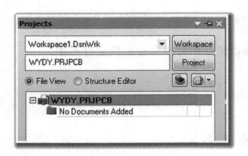 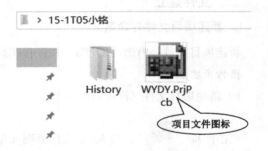

图3-1-6　项目文件保存显示示意　　　图3-1-7　项目文件在存储盘中的图标显示示意

2. 新建原理图文件并命名

在WYDY.PRJPCB中新建WYDY.SCHDOC原理图文件。

操作步骤如下：

1）在已建的项目文件中新建原理图文件

点击主菜单"File"，移动光标指向"New"命令，弹出下拉菜单，选择"Schematic"命令，如图3-1-8（a）所示，在Projects面板出现新建的原理图文件，如图3-1-8（b）所示。

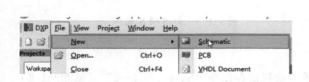 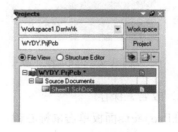

　　（a）选择"Schematic"　　　　　　　　（b）新建的文件

图3-1-8　新建原理图文件

2）改名、保存

在Projects面板中对准原理图文件名，单击鼠标右键，选择保存命令"Save"（见图3-1-9），完成原理图文件的保存和重命名（见图3-1-10）。

图3-1-9　保存原理图文件

图3-1-10　原理图文件保存目录和原理图文件名

原理图文件在Projects面板的树形显示如图3-1-11所示，在存储盘中的图标显示如图3-1-12所示。

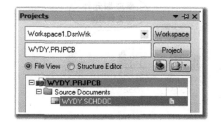

图3-1-11　原理图文件保存显示示意

图3-1-12　原理图文件在存储盘中的图标显示示意

3. 新建原理图元件库文件并命名

在WYDY.PRJPCB中新建WYDY.SchLib原理图元件库文件。

操作步骤如下：

1）在已建的项目文件中新建原理图元件库文件

在项目工作面板中单击鼠标右键，弹出菜单中选择"Add New to Project"→"Schematic Library"，如图3-1-13（a）所示，创建原理图元件库文件Schlib1.SchLib，如图3-1-13（b）所示。

（a）菜单选择

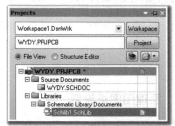

（b）新建的元件库文件

图3-1-13　新建原理图元件库文件

2）改名、保存

对准原理图元件库文件名单击鼠标右键，弹出菜单中选择"Save"（见图3-1-14），在弹出的对话框中改名后点击保存按钮（见图3-1-15），完成操作。

图3-1-14 保存原理图元件库文件   图3-1-15 原理图元件库文件保存目录和文件名

原理图元件库文件在Projects面板的树形显示如图3-1-16所示，在存储盘中图标显示如图3-1-17所示。

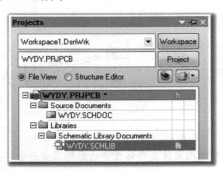

图3-1-16 原理图元件库文件树形显示示意   图3-1-17 原理图元件库文件在存储盘中的显示示意

三、原理图图纸属性设置

对WYDY.SCHDOC文件，进行如下设置：取消标准标题栏并按下图格式绘制标题栏、填写相关内容（见图3-1-18）。

操作步骤如下：

打开原理图文件WYDY.SCHDOC。

图3-1-18 新标题栏格式

1. 原理图图纸设置

点击主菜单"Design"，在下拉菜单中选择"Document Options"命令（见图3-1-19）

打开属性对话框"Document Options"，调整图纸属性：取消标准标题栏，图纸大小为A4、方向为横向、捕获栅格为5个单位、显示栅格为10个单位（见图3-1-20）。

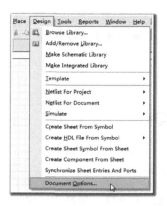

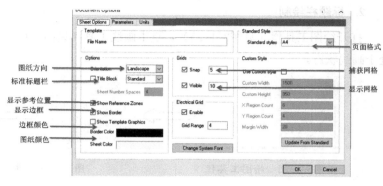

图3-1-19　图纸属性设置命令　　　　　　　图3-1-20　图纸属性设置

图纸栅格颜色设置情况如下：图纸栅格默认的颜色为白色，视觉效果不清晰，需重新设置。

选择菜单命令"Tools"→"Schematic Preferences…"（见图3-1-21），在弹出的对话框中选取 Schematic / Grids ，点击 Grid Color （见图3-1-22），打开颜色选择对话框（见图3-1-23），选取颜色（如19号颜色）。

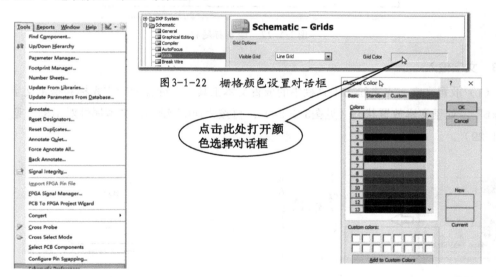

图3-1-22　栅格颜色设置对话框

点击此处打开颜色选择对话框

图3-1-21　图纸参数设置命令　　　　　　　图3-1-23　栅格颜色选择对话框

提示：当改变显示栅格颜色后，图纸的捕获栅格大小往往会变回"1"个单位，此时可重新调整捕获栅格为"5"个单位（见图3-1-24）。

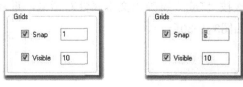

图3-1-24　将捕获栅格大小改回5个单位

2. 标题栏绘制

打开绘图工具栏（见图3-1-25），点击画线工具（见图3-1-26），光标变为十字光标，处于画线状态。

图3-1-25 绘图工具栏   图3-1-26 画线工具

移动光标到合适位置，单击鼠标左键确定起点，移动光标按格式绘制外框，每经过一个转折点单击一次左键，到达终点单击确定。再次单击右键，取消连线状态。移动光标到新的起点单击左键，依次完成标题栏的绘制（见图3-1-27）。注意：标题栏在原理图的右下角。

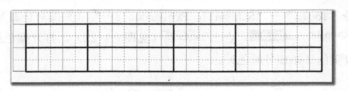

图3-1-27 绘制标题栏

3. 文字输入

（1）放置文字。点击绘图工具栏中的放置文本工具，光标变为十字光标并携带文字"Text"，处于文本放置状态（见图3-1-28）；再按"Tab"键弹出文本属性对话框（见图3-1-29）。

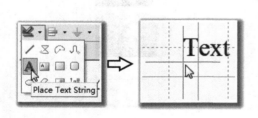

图3-1-28 文本放置工具 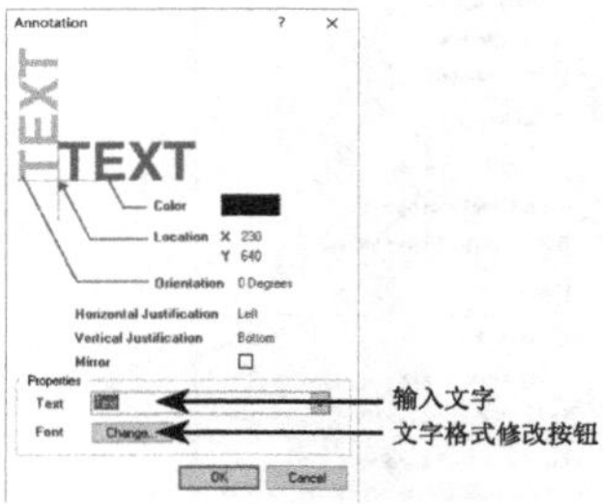   图3-1-29 文本属性对话框

修改好文字并设置属性后，按"OK"退出属性对话框，移动光标到合适位置，单击左键放置；再次按"Tab"键弹出文本属性对话框，重复上述操作完成所有文字输入。已放置文字的标题栏如图3-1-30所示。

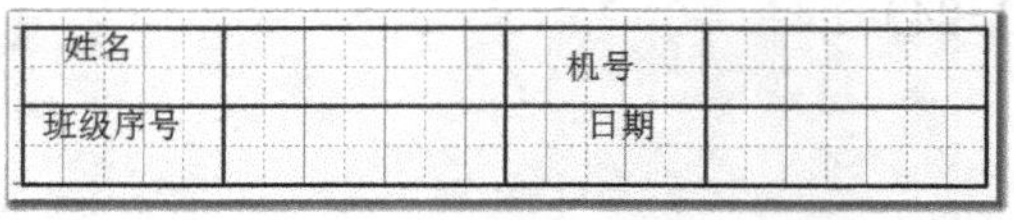

姓名		机号	
班级序号		日期	

图3-1-30 已放置文字的标题栏

（2）调整位置。打开原理图属性对话框，取消捕获栅格（见图3-1-31），拖动文字调整到合适位置（见图3-1-32），完成后保存原理图文件。

姓名		机号	
班级序号		日期	

图3-1-31 重新设置捕获网格   图3-1-32 调整好文字的标题栏

四、原理图绘制

1. 读图

请仔细阅读图3-0-1所示电路原理图，了解组成电路的元器件类型、编号、标注、名称及在软件中所属的库并记录（见表3-1-1）。

表 3-1-1 可调式稳压电源电路元件名称及所在元件库

元件类型和编号		元件标注	元件名称	所属元件库
变压器T_1			Trans	
瓷片电容C_1		0.01 μF/50 V	Cap	
二极管$VD_1 \sim VD_6$		1N4004	Diode 1N4004	
发光二极管VD_7			LED_0或LED_1	
电解电容	C_2	100 μF/16 V	Cap Pol2	Miscellaneous Devices. IntLib
	C_3	10 μF/16 V		
	C_4	220 μF/16 V		
电位器R_3		10 kΩ	Rpot	
电阻	R_1	680 Ω	Res2	
	R_2	680 Ω		
	R_4	2.2 kΩ		
	R_L	470 Ω		
短路跳针和短路帽$JP_1 \sim JP_6$			短路帽	WYDY. SchLib
测试点$TP_0 \sim TP_2$			测试点	
集成稳压管U_1		LM317BT	LM317BT	Motorola Power Mgt Voltage Regulator. IntLib

2. 创建新元件

本项目电路原理图中的短路帽、测试点两类元件根据实际需要自己创建。

操作步骤如下：

（1）打开原理图元件库文件WYDY. SchLib。

（2）元件库界面设置：选择命令"Tools"→"Document Options…"，进行元件库界面设置（见图3-1-33）。

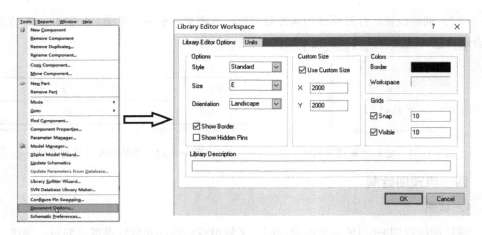

图3-1-33　原理图元件库界面

因编辑界面的尺寸默认较大（2000×2000），可改为400×400；捕捉网格可改为5，必要时可去掉捕捉网格，如图3-1-34所示。

图3-1-34　调整原理图元件编辑界面

（3）新建元件——短路帽，外形如图3-1-35所示。

①选择菜单命令"Tools"→"New Component"（见图3-1-36），新建元件。

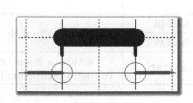

图3-1-35　短路帽元件图形

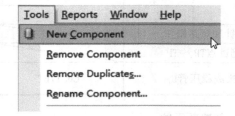

图3-1-36　新建元件命令

【拓展】Tools常用菜单命令功能如表3-1-2所示。

表 3-1-2　Tools常用菜单命令功能说明

常用菜单命令	功能说明
New Component	新建元件

常用菜单命令	功能说明
Remove Component	删除元件
Rename Component	修改元件名称
New Part	新建多部件元件的子件
Remove Part	删除多部件元件的子件

②在弹出的对话框中填入元件名称：短路帽（见图3-1-37）。

③编辑元件属性：点击屏幕左边的"SCH Library"按钮，弹出元件库管理对话框，可看到刚刚新建的元件——短路帽见图3-1-38所示。

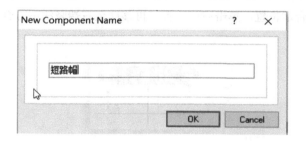

图3-1-37　输入新建元件名称

图3-1-38　新建元件显示示意

提示：若屏幕左边没有显示"SCH Library"按钮，可点击屏幕右下面的"SCH"按钮，在弹出菜单中选择"SCHL ibrary"（见图3-1-39）。双击元件名称"短路帽"，弹出"Properties"对话框（见图3-1-40），修改元件默认编号为"JP?"。

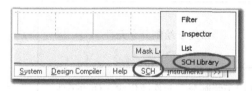

图3-1-39　"SCH Library"按钮显示设置

图3-1-40　修改元件编号

④使用绘图工具绘制短路帽的图形：

放置直线： 点击菜单栏绘图工具，选择放置直线（见图3-1-41），光标变为"+"，处于放置状态按"Tab"进入折线对话框，线宽改为"Large"，颜色可选 229 （见图3-1-42），确定后移动光标至编辑界面的中心位置附近，单击确定起点●，移动合适长度后确定终点，单击右键取消连续放置，完成一条直线绘制。再次按"Tab"进入折线对话框，线宽改为"Smallest"，完成竖线 （见图3-1-43），右键取消画线。

图3-1-41 选择直线工具

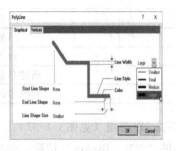
图3-1-42 设置直线大小

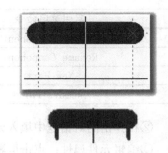
图3-1-43 放置Large、Smallest直线

放置圆圈：点击菜单栏IEEE符号工具 ![]，选择放置低电平触发符号 ⊙ （见图3-1-44），光标变为 ⊙，移动光标至左端竖线下方合适位置，单击完成放置。再移动至右端竖线下方合适位置放置（见图3-1-45）。

图3-1-44 IEEE符号工具

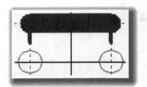
图3-1-45 放置圆圈

【拓展】绘图工具栏各图标功能如表3-1-3所示。

表3-1-3 绘图工具栏各图标功能

绘图图标	功 能	用 途
╱	画直线	常用于绘制分立元件
∿	画曲线	
⋈	画多边形	
◠	画圆弧线	常用于绘制分立元件或集成元件的子件
⬯	画椭圆或圆	
▢	画矩形	常用于绘制集成元件的外框
▢	画圆角矩形	
A	放置文字	用于放置文字信息

⑤放置元件引脚。

点击菜单栏绘图工具 ![]，选择放置引脚 ![] （见图3-1-46），光标变为 ![]，按键盘"Tab"键（或放置引脚后双击该引脚）弹出 Pin Properties （引脚属性）对话框（见图3-1-47），修改属性（见图3-1-49）后移动至合适位置，将带米字一端朝外放置（见图3-1-48）。在放置过程中可按空格键改变管脚的方向。

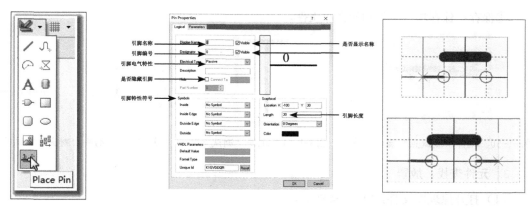

图3-1-46　选择放置引脚工具　　　图3-1-47　元件引脚属性设置　　　图3-1-48　放置1号、2号引脚

1号、2号引脚属性设置如图3-1-49所示。

1号引脚设置： 引脚名称为：JP-1，不显示；引脚编号为1，不显示；引脚长度为10；引脚颜色为红色。

2号引脚设置： 引脚名称为：JP-2，不显示；引脚编号为2，不显示；引脚长度为10；引脚颜色为红色。

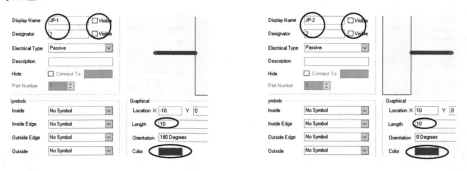

图3-1-49　1号、2号引脚属性设置

（4）新建元件——测试点。

①新元件命名：在编辑界面点击菜单工具"Tools"→"New Component Name"，弹出"New Component Name"对话框，将名称改为"测试点"，"SCH Library"工作面板中增加了新元件（见图3-1-50）。

②绘制新元件：

A.选择放置直线 ![line icon] ，放置一条线宽为"Small"，长度为"10"的直线；

B.选择放置引脚 ![pin icon] ，放置一个"引脚名称：TP-1，不显示；引脚编号：1，不显示；引脚长度：20"的引脚，米字符号朝下（见图3-1-51）。

③属性修改：双击元件名称，进入"Library Component Properties"对话框，元件默认编号为"TP？"（见图3-1-52）。

④保存：保存项目文件和元件库文件。

图3-1-50　元件"测试点"显示示意　　图3-1-51　元件"测试点"　　图3-1-52　元件"测试点"编号

3．元件查找、放置

（1）打开原理图文件：WYDY.SCHDOC。

（2）浏览与加载分立元件库。

操作步骤如下：

①打开"Libraries"（元件库）工作面板。

选择"View"→"Workspace Panels"→"System"→"Libraries"命令（见图3-1-53），打开工作面板（见图3-1-54）。

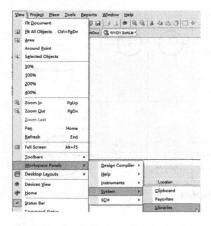

图3-1-53　元件库工作面板调用命令　　　　　图3-1-54　元件库工作面板

②加载元件库：点击"Libraries"按钮（见图3-1-55），弹出元件库对话框"Available Libraries"。

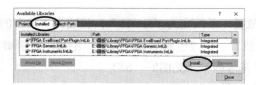

图3-1-55　加载元件库1　　　　　图3-1-56　加载元件库2　　　　　图3-1-57　加载元件库3

选择第二个标签——安装标签 Installed ，点击 "Install" 按钮（见图3-1-56）。

弹出"打开"对话框，在"查找范围"中选择C：/Program Files/Altium2004 SP2/ Library/…（见图3-1-57）。

在元器件库列表中双击分立元器件库名称 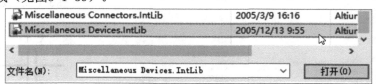 （见图3-1-58），完成加载（见图3-1-59）。

图3-1-58　加载元件库4

图3-1-59　加载元件库5

元器件库工作面板显示和各部分功能（见图3-1-60）。

图3-1-60　加载元件库后工作面板显示和各部分功能

图3-1-61　选取电容器

（3）放置元器件。

找到原理图中各元件，修改属性并放置。

以电容C_1的放置为例分析，具体步骤如下：

①查找元件。

A.打开元件库"Libraries"工作面板。

B.根据元件名称"Cap"或元件符号"—||—"找到元件（见图3-1-61），双击元件名称或点击"Place Cap"按钮，处于元件放置状态（见图3-1-62）。

②修改属性。

处于元件放置状态时，按"Tab"键进入元件属性对话框修改其属性：将标号改为"C_1"、注释框中改为参数"0.01 μF/50 V"，将"Value"的复选框取消（见图3-1-63）；点击元件属性对话框右下角OK按钮，回到原理图界面，移动光标到合适位置，单击将元件放置（见图3-1-64）。

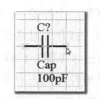

图3-1-62 放置电容器

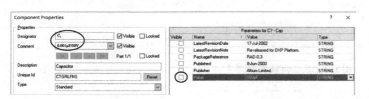

图3-1-63 修改电容属性

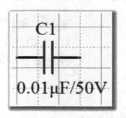

图3-1-64 放置修改属性后的电容C_1

按照上述方法修改其他元器件属性并放置（见图3-1-65～图3-1-87）。

图3-1-65 R_1属性修改

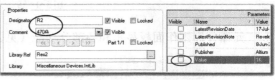

图3-1-66 R_2属性修改

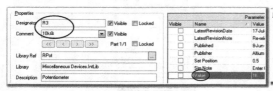

图3-1-67 R_3属性修改

图3-1-68 R_4属性修改

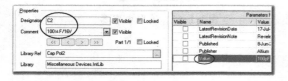

图3-1-69 C_2属性修改

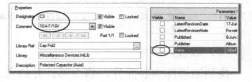

图3-1-70 C_3属性修改

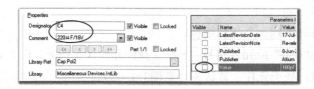

图3-1-71 C_4属性修改

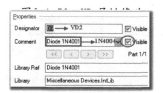

图 3-1-75　VD₄属性修改　　　　图 3-1-76　VD₅属性修改　　　　图 3-1-77　VD₆属性修改

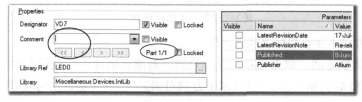

图 3-1-78　VD₇属性修改

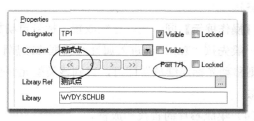

图 3-1-79　T₁属性修改　　　　　　　　　图 3-1-80　TP₁属性修改

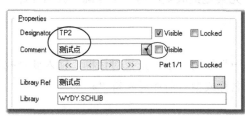

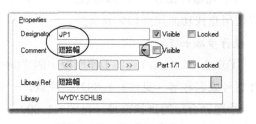

图 3-1-81　TP₂属性修改　　　　　　　　　图 3-1-82　JP₁属性修改

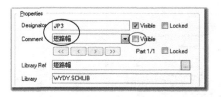

图 3-1-83　JP₂属性修改　　　　　　　　　图 3-1-84　JP₃属性修改

图 3-1-85　JP$_4$属性修改

图 3-1-86　JP$_5$属性修改

图 3-1-87　JP$_6$属性修改

③调整元件方向，在合适位置放置元件。

元器件方向调整方法：将光标移至元件位置，对准元器件按住鼠标左键不放，单击快捷键"Space（逆时针旋转90°）""X（水平方向对调）""Y（垂直方向对调）"等调整元件的摆放方向。注意，调整元器件方向时必须是在英文输入状态下进行，此时不能激活中文输入法状态。

【操作提示】同一元件连续放置，标号自动加1。

一般先按"Tab"键进入属性对话框修改属性，再调整方向，最后放置。如需再放置同类元件则移动光标连续放置即可，直到该类型元件全部放置完毕单击鼠标右键，退出该类元件放置状态。

（4）集成芯片的查找和放置。

有些元器件在分立件库和接插件库中找不到，尤其是集成块，而又不能确定其所在库，可以使用查找功能找到相关元器件。

操作步骤如下：

①点击"Libraries"工作面板中的"Search…"按钮，进入查找对话框，输入要查找的元件型号或名称等（见图3-1-88）。注意，一般在名称或型号前加通配符"*"。

②选择合适的查找路径（见图3-1-89）。

图 3-1-88　元件查找对话框

图 3-1-89　元件查找路径

③点击"Search…"按钮，开始查找。

④找到相关元件后，"Libraries"工作面板显示其元件名称、符号及封装图（见图3-1-90）。

⑤对准找到的元件双击，弹出询问对话框，询问是否添加该元件所在的元件库，可以选择"Yes"或"No"；选择"Yes"（见图3-1-91），则元件库中将添加新元件库（见图3-1-92）。

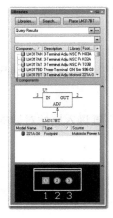

图3-1-91　元件库添加咨询对话框

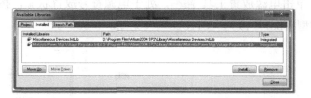

图3-1-90　元件查找结果　　　　　　图3-1-92　元件库添加结果

⑥放置元件状态下，按"Tab"键进入元件属性对话框，修改相关参数、调整好方向后在合适位置放置元件。

所有元件查找并放置完成后的效果如图3-1-93所示。

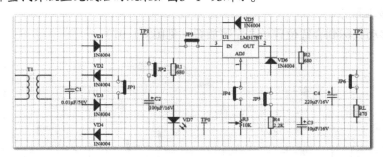

图3-1-93　元件放置完毕效果

4. 放置信号输入、输出网络及电源、接地符号

（1）放置信号输入、输出网络。

操作步骤如下：

①选择 ![符号] → ![Place Circle style power port]（见图3-1-94），处于电源端口放置状态。

②按"Tab"键进入属性对话框，删除网络名称并选取显示网络名称，放置在变压器输入端。

③再按"Tab"键进入属性对话框，将网络名改为U_o（见图3-1-95），放置在输出端。

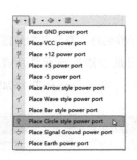

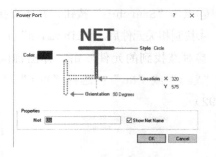

图3-1-94　放置电源端口命令　　　　图3-1-95　设置信号输出端口

放置信号端口的另一种方法是：

单击电源放置工具 ![VCC]，处于电源符号放置状态，按"Tab"键进入属性对话框，将电源符号类型"Bar"改为"Circle"（见图3-1-96）。

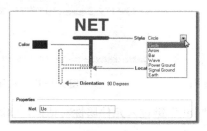

图3-1-96　设置信号输出端口

（2）放置接地符号。

点击![符号]，移动鼠标到合适位置单击左键放置（见图3-1-97）。

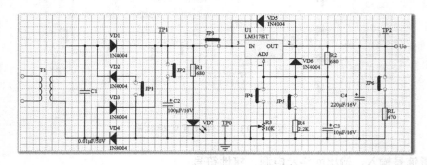

图3-1-97　元件及信号端口放置完毕效果

5. 连线

点击工具栏中的连线工具 ![工具]，光标变为十字并带上"×"号（导线的电气点指示），如图3-1-98（a）所示，移动光标到元件引脚处，"×"号变为红色"*"字形，如图3-1-98（b）所示，表明此处为有效的电气连接，单击鼠标左键确定起点，移动光标到下一连接点，"×"号变为红色"＊"字形，如图3-1-98（c）所示，单击左键确定终点，完成一条导线的连接，如图3-1-98（d）所示。

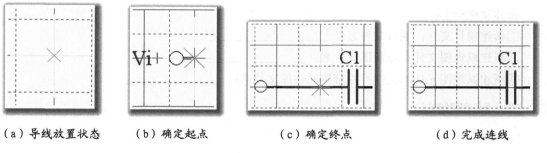

（a）导线放置状态　　　（b）确定起点　　　（c）确定终点　　　（d）完成连线

图3-1-98　导线放置

连线完成后的效果图，如图3-1-99所示。

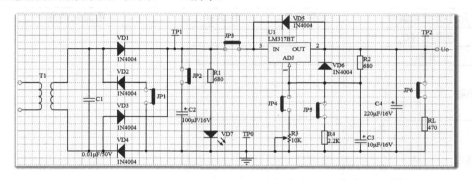

图3-1-99　原理图绘制结果

6. 放置说明性文字

在电路图中常常有一些说明性文字帮助读图。点击 ![icon] → ![icon A]，光标处于放置文字状态，按"Tab"键进入属性对话框，完成输入后放置（见图3-1-100）。

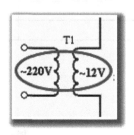

图3-1-100　放置说明性文字

【工作过程】

一、文件的建立

操作步骤如下：

①新建项目文件：项目文件名：_____；

②新建原理图文件：原理图文件名：_____；

③新建原理图元件库文件：原理图元件库文件名：_____。

二、原理图绘制

1. 读图

了解组成电路的元件类型、编号、标注、名称及在软件中所属的库并填入表3-1-1。

表3-1-1　元件清单

元件类型和编号		元件标注	元件名称	所属元件库
普通电容C_1				
电解				
电容	C_2			
	C_3			
	C_4			
电阻	R_1			
	R_2			
	R_4			
	R_L			
电位器R_3				
变压器T_1				
二极管$VD_1 \sim VD_6$				
发光二极管VD_7				
短路帽$JP_1 \sim JP_6$				
测试点$TP_0 \sim TP_2$				
稳压管U_1				

2. 创建新元件

操作步骤如下：

1）元件库界面设置

将元件库界面设置为：_____；抓捕栅格设置为：_____。

2）新建元件"短路帽"

（1）选择菜单命令"Tools"→"New Component"，新建元件，改名为"短路帽"。

表3-1-2 常用菜单命令及其功能

常用菜单命令	New Component	Remove Component	Rename Component	New Part	Remove Part
功能说明					

（2）编辑元件属性。

（3）绘制短路帽的图形并补充表3-1-2。

表3-1-3 绘图图标说明

绘图图标	功　　能	用　　途

（4）放置元件引脚：带米字符号的一侧应放在＿＿＿＿＿＿＿＿＿＿＿＿＿一端。

（5）保存。

3）新建元件"测试点"

（1）新元件命名——测试点。

（2）绘制新元件。

（3）属性修改。

（4）保存。

3．元件查找、放置

1）分立元件的查找和放置

操作步骤如下：

A.打开元件库工作面板"Libraries"，装载分立元件库：＿＿＿＿＿＿＿＿＿＿＿＿；

B.根据元件名称或符号等找到相关分立元件；

C.按"Tab"键进入元件属性对话框，修改元件编号、参数等属性；

D.调整元件方向，在合适位置放置元件。

2）集成芯片的查找和放置

操作步骤如下：

A.点击"Libraries"工作面板中的＿＿＿＿＿＿＿按钮，进入查找对话框，输入要查找的元件型号或名称等；

　　B.选择合适的查找路径：_____；

　　C.点击_____按钮，开始查找；

　　D.找到相关元件后，"Libraries"工作面板显示其元件名称、符号及封装图；

　　E.放置元件状态下，按"Tab"键进入元件属性对话框，修改属性并放置。

4. 放置信号输入、输出网络及接地符号

　　（1）放置信号输入、输出网络。

操作步骤如下：

　　A.选择 ⏚ ▼ ——→_____，处于电源端口放置状态；

　　B.按"Tab"进入属性对话框，删除网络名称并选取显示，放置在变压器输入端；

　　C.再按"Tab"进入属性对话框，将网络名改为_____，放置在电路输出端。

　　（2）放置接地符号：点击接地符号_____，移动鼠标到合适位置单击左键放置。

5. 连线

　　点击工具栏中的连线工具_____，按图完成连线。

6. 放置说明性文字

　　放置文本工具的符号：_____，快捷键：_____。

任务二 可调式稳压电源电路PCB图的设计与绘制

【学习目标】

在工作页的指引下完成合理的PCB图设计和绘制；完成工作页的填写。

【学习准备】

一、PCB设计基础

1. PCB板的概念

印制电路板也称印制板，即PCB板，如图3-2-1所示。印制板是通过一定的制作工艺，在绝缘度非常高的基材上覆盖一层导电性能良好的铜薄膜构成覆铜板，然后根据具体PCB图的要求，在覆铜板上蚀刻出PCB图上的导线，并钻出印制板安装定位孔、焊盘和导孔。

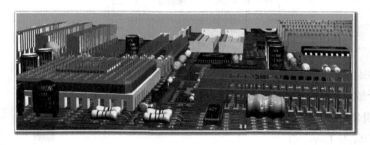

图3-2-1　PCB板

2. PCB板的分类

（1）根据板材的不同，可分为纸制覆铜板、玻璃布覆铜板、挠性覆铜板。

（2）根据电路板的结构不同，可分为单面板、双面板、多层板。

3. 工作层面

1）信号层（Signal Layers）

信号层主要是用来放置元件和布线的工作层面。PCB编辑器共有32个信号层（见图3-2-2）。PCB板信号层分布如图3-2-3所示。

（1）顶层(Top Layer)也称元件面，这一层主要用来放置元件，对于双层板和多层板可以制作铜镆导线。

（2）底层（Bottom Layer）也称焊锡面，主要用于制作底层铜镆导线。

（3）中间布线层（Midl1～Midl30），在多层板中用于布信号线，最多可有30层。

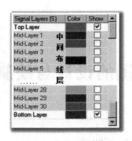

图 3-2-2　PCB板信号层

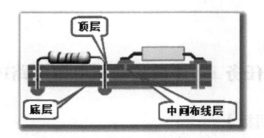

图 3-2-3　PCB板信号层分布图

2）内电层(Internal Planes)

内电层主要用于放置电源/地线。PCB编辑器共有16个内电层（见图3-2-4）。

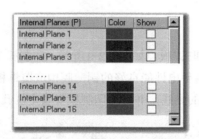

图 3-2-4　PCB编辑器中的内电层

3）机械层(Mechanical Layers)

机械层用于放置与电路板机械特性有关的尺寸信息和定位孔。PCB编辑器中共有16个机械层（见图3-2-5）。

4）防护层(Mask Layers)

防护层主要用于防止电路板上不希望被镀上锡的地方镀上锡。PCB编辑器提供两种：一种是阻焊层，另一种是锡膏防护层（有表面贴装元件），如图3-2-6所示。

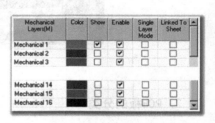

图 3-2-5　PCB编辑器中的机械层

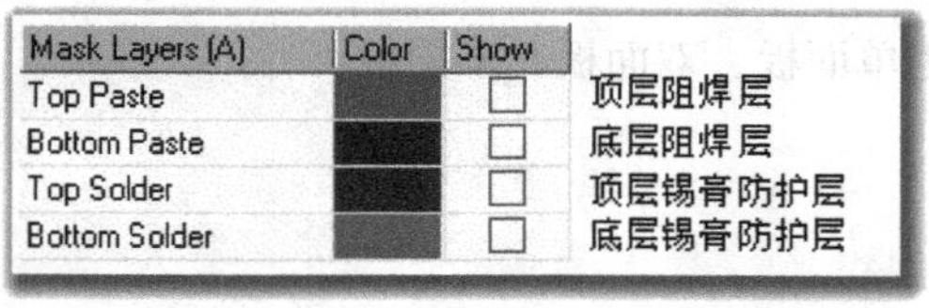

Mask Layers (A)	Color	Show	
Top Paste			顶层阻焊层
Bottom Paste			底层阻焊层
Top Solder			顶层锡膏防护层
Bottom Solder			底层锡膏防护层

图 3-2-6　PCB编辑器中的防护层

5）丝印层(Silkscreen Layers)

丝印层主要用于绘制元件的外形轮廓、元件标号和说明文字等。PCB编辑器提供了两个丝印层：顶层丝印层和底层丝印层，如图3-2-7所示。

其他工作层面如图3-2-8所示。

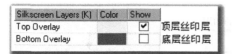

图3-2-7 PCB编辑器中的丝印层

图3-2-8 PCB编辑器中的其他工作层

4. 元件封装（Footprint）

元件封装是指电子元器件实物焊接到电路板时所指示的轮廓和焊点的位置。不同的元件有相同的封装、同一元件也有不同的封装。

（1）分类：针脚式封装（插针式）、表贴式（SMT）封装。

（2）命名原则：元件类型+焊盘距离（焊盘数）+元件外形尺寸。

（3）常用分立元件封装如表3-2-1所示。

表3-2-1 常用分立元件封装

元 件 类 型	元 件 封 装
有极性电容	RB5-10.5～RB7.6-15、CAPPR系列
无极性电容	RAD-0.1～RAD-0.4、CAPR系列
固定电阻	AXIAL-0.3～AXIAL-1.0
可变电阻	VR1～VR5
二极管	DIODE-0.4、DIODE-0.7、DIO系列
晶体三极管	BCY-W3系列、CAN-3系列
双列直插式元件	DIP-XX系列
单列直插式元件	HDR系列

5. 焊盘和过孔

（1）焊盘：用焊锡连接元件引脚和导线的PCB图件。

有三种形状：圆形、矩形、八角形；有两个参数：孔径尺寸和焊盘大小。

（2）过孔：也称导孔，连接不同的板层间导线的PCB图件。

只有一种形状：圆形；两个主要参数：通孔直径和导孔直径。

6. 物理边界和电气边界

物理边界：电路板的形状边界，在制板时用机械层规范。

电气边界：用于限定布线和放置元件的范围，通过禁止布线层绘制边界。

二、PCB设计流程

PCB设计流程如图3-2-9所示。

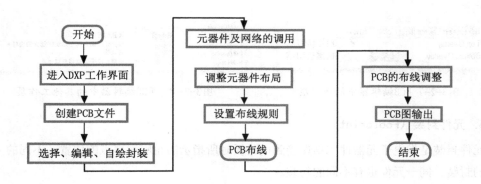

图3-2-9   PCB设计流程

1. 创建PCB文件

利用向导在WYDY. PRJPCB中新建PCB文件：WYDY. PCBDOC，其中该PCB板禁止布线层大小为：宽 110 mm、高 75 mm。

操作步骤如下：

1）利用向导新建PCB文件

打开"Files"工作面板，选择  PCB Board Wizard...

如图3-2-10所示，依次按图3-2-11～图3-2-19进行设置，创建PCB文件。

图3-2-10   使用向导创建PCB命令

图3-2-11   使用向导创建PCB   图3-2-12   使用向导创建PCB文件——单位类型选择

图3-2-13   使用向导创建PCB文件——板大小选择   图3-2-14   使用向导创建PCB文件——电路板外形、大小等设置

图3-2-15　使用向导创建PCB文件——层数的选择

图3-2-16　使用向导创建PCB文件——过孔类型选择

图3-2-17　使用向导创建PCB文件——焊盘间导线条数选择

图3-2-18　使用向导创建PCB文件——各种缺省设置

图3-2-19　使用向导创建PCB文件——完成

在"Projects"工作面板中新建一个PCB文件（见图3-2-20），用光标将其拖入项目文件中（见图3-2-21）。

图3-2-20　PCB文件生成显示示意

图3-2-21　将PCB文件拖入项目显示效果

2）重命名、保存

对准PCB文件单击鼠标右键，菜单中选择"Save"（见图3-2-22），在打开的界面中选择存储地址、修改文件名（见图3-2-23），单击保存按钮完成重命名，修改完成后的效果如图3-2-24所示。

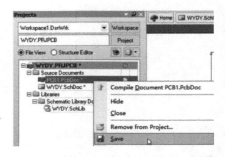

图3-2-22　PCB文件保存命令

图3-2-23　PCB文件保存路径和文件名

图3-2-24　PCB文件保存效果显示

3）设置PCB编辑界面

打开WYDY.PCBDOC文件，选择命令"Design"→"Board Options…"（见图3-2-25），进入编辑界面设置对话框，将捕捉网格改为25 mil，可视网格Grid1改为100 mil、Grid2改为1000 mil（见图3-2-26）。

图3-2-25　PCB编辑界面设置命令

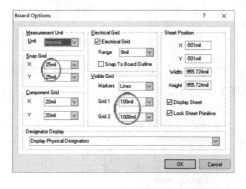

图3-2-26　PCB编辑界面设置

选择命令"Design"→"Board Layers & Colors…"（见图3-2-27），进入图层设置对话框，将"Visible Grid1"可选项勾上（见图3-2-28），点击"OK"按钮退出对话框。

按击键盘"Page Up"键，放大图纸的显示效果，直到双层网格均合适显示为止。

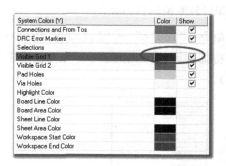

图3-2-27　PCB图层设置命令　　　　　　图3-2-28　PCB双层可视网格设置

选择命令"Edit"→"Origin"→"Set"（见图3-2-29），然后将光标移到板框的左下角，点击鼠标左键，确定PCB原点（见图3-2-30）。

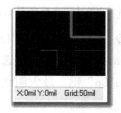

图3-2-29　PCB原点设置命令　　　　　　图3-2-30　PCB原点设置效果

2. 创建PCB封装库文件

1）创建PCB封装库文件

在"Projects"面板空白处单击右键，选择"Add New to Project"→"PCB Library"（见图3-2-31），在项目中新建了一个元件封装库文件：PcbLib1.PcbLib（见图3-2-32）。

对准项目文件单击鼠标右键选择"Save Projects"，完成保存和重命名：WYDY.PcbLib（见图3-2-33）。

图3-2-31　封装库文件创建命令　　图3-2-32　封装库文件创建效果　　图3-2-33　封装库文件树形存储

2）PCB封装库编辑界面设置

选择命令"Tools"→"Library Options…"（见图3-2-34），进入编辑界面设置对话框，将捕捉网格改为25mil，将可视网格Grid1改为100mil、Grid2改为1000mil（见图3-2-35）。

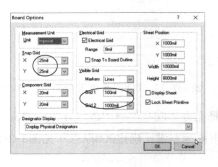

图3-2-34 PCB封装库编辑界面设置命令　　　　图3-2-35 PCB封装库编辑界面设置

选择命令"Tools"→"Layers & Colors…"（见图3-2-36），进入图层设置对话框，将"Visible Grid1"可选项勾上（见图3-2-37），点击"OK"按钮退出对话框。按击键盘"Page Up"键，放大图纸的显示效果，直到双层网格均合适显示为止。

图3-2-36 PCB封装库图层设置命令　　　　图3-2-37 PCB封装库双层可视网格设置

3. 创建PCB封装元件

可调式稳压电源电路各元件对应的封装如表3-2-2所示。

表3-2-2 可调式稳压电源电路元件封装表

元件名称	编号	元件外形	元件封装	封装来源
变压器	T_1		RAD-0.3	ProtelDXP封装库自带

（续表）

元件名称	编号	元件外形	元件封装	封装来源
电容	C_1		RAD-0.1	ProtelDXP封装库自带
电解电容	C_2、C_3		WYDY.pcblib中的RB.1/.3	需自己创建
电解电容	C_4		WYDY.pcblib中的RB.1/.4	需自己创建
电阻	$R_1 \sim R_2$、R_4		AXIAL-0.4	ProtelDXP封装库自带
排针与短路帽	$JP_1 \sim JP_6$		WYDY.pcblib中的JP	需自己创建
测试点	TP_1、TP_2		WYDY.pcblib中的TP	需自己创建
电位器	R_3		WYDY.pcblib中的RP	需自己创建
整流二极管	$VD_1 \sim VD_6$		DIODE-0.4	ProtelDXP封装库自带
发光二极管	VD_7		WYDY.pcblib中的RB.1/.3	需自己创建
稳压管	U_1		WYDY.pcblib中的LM317	需自己创建

1）利用向导自绘元件封装

利用向导自绘元件封装参数如表3-2-3所示，本节以创建C_2对应的封装RB.1/.3为例进行说明。

表3-2-3 利用向导自绘元件封装参数

元件＼参数	焊盘孔径	焊盘直径	焊盘间距	外轮廓	封装名称
C_2、C_3、VD_7	30 mil	90 mil	100 mil	150 mil（半径）	RB.1/.3
C_4	30 mil	90 mil	100 mil	200 mil（半径）	RB.1/.4

操作步骤如下：

（1）打开新建的PCB封装库文件：WYDY.PcbLib。

（2）新建封装元件。点击菜单命令"Tools"→"Component Wizard"（见图3-2-38启动PCB生成元件封装向导（见图3-2-39）。

图3-2-38 PCB元件封装创建命令

单击"Next"按钮，进入元件封装种类选择对话框，封装形式选"Capacitors"，单位选择"mil"（见图3-2-40）。

图3-2-39 启动PCB生成元件封装向导

图3-2-40 封装种类选择对话框

单击"Next"按钮，进入电容封装类型选择对话框，选择直插式元件封装"Through Hole"（见图3-2-41）；单击"Next"按钮进入下一步，设定焊盘尺寸：孔径为30 mil、焊盘大小为90 mil（见图3-2-42）。

图3-2-41 电容封装类型选择对话框

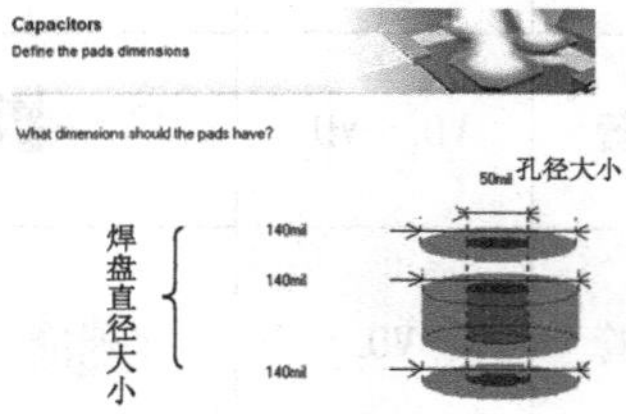

图3-2-42 焊盘尺寸设置对话框

单击"Next"按钮进入下一步，设定焊盘间距：100 mil（见图3-2-43）；单击"Next"按钮进入下一步，选择电容外形：有极性，风格为放射状，几何外形为圆形（见图3-2-44）。

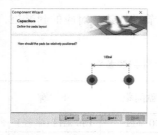

图3-2-43 焊盘间距设置

图3-2-44 封装外形设置

单击"Next"按钮进入下一步，设置轮廓外圆半径：150 mil，外圆线宽使用默认值（见图3-2-45）；单击"Next"按钮进入下一步，设置封装的名称为RB.1/.3（见图3-2-46）。

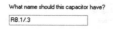

图3-2-45　外轮廓设置　　　　　　　　　　图3-2-46　设置封装名称

单击"Next"按钮进入结束界面，完成电容封装的创建工作（见图3-2-47）。结束创建工作，编辑窗口出现刚创建的封装，将1号焊盘改为矩形，"+"移至1号焊盘附近并保存（见图3-2-48）。

图3-2-47　完成封装创建　　　　　　　图3-2-48　改变封装焊盘外形

用同样的方法完成其他元件的绘制。

2. 自定义制作PCB封装

有些元件需自定义制作。自定义制作元件封装参数如表3-2-4所示，本节以创建稳压管U_1封装为例进行说明。

表3-2-4　自定义制作元件封装参数

参数 元件	焊盘孔径	焊盘直径	焊盘间距	外轮廓尺寸	参考点	封装名称
U_1	30 mil	70 mil	100 mil	高：200 mil　宽：400 mil	焊盘1	LM317
R_3	40 mil	70 mil	200 mil	高：200 mil、600 mil、 宽：600 mil	焊盘1	RP
$JP_1 \sim JP_6$	30 mil	70 mil	100 mil	自定义	焊盘1	JP
TP_1、TP_2	30 mil	70 mil		自定义	焊盘1	TP

操作步骤：

（1）打开新建的PCB元件库文件：WYDY.PcbLib。

（2）新建封装元件并命名：在工作面板空白处单击鼠标右键，选择"New Blank Component"（见图3-2-49），面板中有一新的封装（见图3-2-50），双击名称进入对话框修改其名称为LM317（见图3-2-51）。

  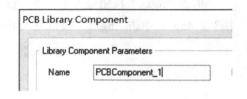

图3-2-49　新建封装元件1　　　图3-2-50　新建封装元件2　　　图3-2-51　封装元件改名

（3）放置焊盘并修改其属性。点击工具栏中的焊盘放置工具按钮 ◎ ，按"Tab"进入属性对话框，修改其焊盘大小、形状、标号等相关参数（见图3-2-52），放置1号焊盘；用同样的方法完成2、3号焊盘的设置（参数见表3-2-5），两两之间间隔100mil；完成后效果如图3-2-53所示。

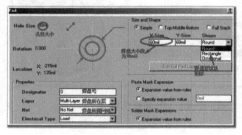 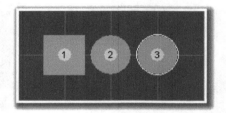

图3-2-52　焊盘属性设置　　　　　　　图3-2-53　焊盘完成设置效果

表3-2-5　LM317封装焊盘参数

焊盘	焊盘编号	焊盘孔径	焊盘直径		焊盘形状
			X	Y	
1号焊盘	1	30 mil	70 mil	70 mil	矩形
2号焊盘	2				圆形
3号焊盘	3				

（4）放置外形轮廓、设置参考点、保存。

外形轮廓：点击状态栏中的 Top Overlay ，将文件的界面切换至顶部丝印层，选择工具栏中的画线工具 ，将光标移至1号焊盘的左边合适位置单击见图3-2-54（a），确定起点，移动光标，转折处单击，完成外大边框的绘制见图3-2-54（b）。以同样的方法完成散热片位置的绘制见图3-2-54（c）。

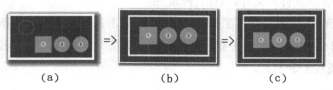

（a）　　　　　　　　（b）　　　　　　　　（c）

图3-2-54　绘制外轮廓

点击工具栏中的 Ａ 按钮，按"Tab"键进入字符串属性对话框，将字符改为"1"见图3-2-55（a），移至合适位置放置；再按"Tab"键进入字符串属性对话框，将字符改为"2"，移至合适位置放置；再按"Tab"键进入字符串属性对话框，将字符改为"3"，完成外形轮廓的编辑见图3-2-55（b）。

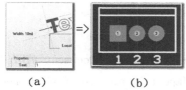

（a）　　　　　（b）

图3-2-55　放置字符串

设置参考点：选择"Edit"→"Set Reference"→"Pin 1"，光标再次移至1号焊盘时，坐标变为（0，0），参考点设置成功。

保存：点击 💾 按钮，完成保存。再打开"Project"工作面板，对项目文件再次保存。用同样的方法可完成其他封装的绘制。

4．原理图元件封装设置

（1）打开文件：打开原理图文件WYDY.SCHDOC。

（2）设置元件的封装：下面以C_1为例，介绍元件封装的设置方法。

①双击元件C_1，弹出属性对话框，在右下角的位置点击 Edit... 按钮（见图3-2-57）。

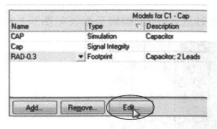

图3-2-57　元件封装设置栏

图3-2-58　元件封装库设置选择

②在弹出的对话框中选择"Any"（见图3-2-58）。

③再点击 Browse... 按钮。在弹出的对话框中选择分立元件封装库（见图3-2-59），在该封装库列表中，选择封装"RAD-0.1"（见图3-2-60）。

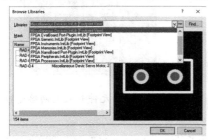

图3-2-59　选择元件封装库

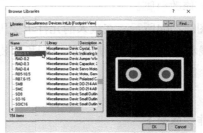

图3-2-60　选择元件封装

注意，自己创建的元件封装本步骤可选取自建PCB元件库文件：WYDY.PcbLib。

④连续在各个对话框中点击"OK"，完成元件封装设置。

⑤其他元件参照上述方法，完成设置封装。

5. PCB布局与布线

1）载入元件和网络

在原理图界面下，点击"Design"→"Update PCB Document WYDY.PcbDoc"（见图3-2-61）；或在PCB图界面下，点击"Design"→"Import Change From WYDY.PcbDoc"，进入元件封装加载对话框，点击"Validate Changes"检查元件是否可以载入，全部打"√"，表示可以载入，再点击"Execute Changes"载入元件与网络，全部打"√"，表示已载入（见图3-2-62）。

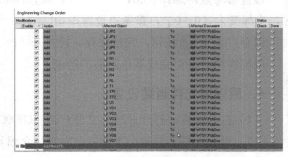

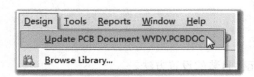

图3-2-61　载入元件和网络命令　　　　图3-2-62　载入元件和网络

加载完毕后，自动打开PCB文件WYDY.PcbDoc，此时进入PCB的编辑界面（见图3-2-63）。

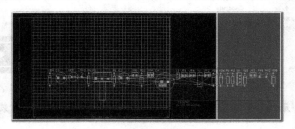

图3-2-63　元件和网络加载完毕效果

2）布局

（1）修改引脚。

如图3-2-64所示，在载入的元件中变压器T_1的焊盘无飞线和网络，这主要是元件引脚和封装焊盘号不同所致，需修改。

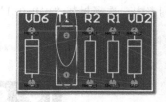

图3-2-64　元件封装无网络连接

操作步骤如下：

①对准一个焊盘双击进入属性对话框，将焊盘号2改为3，点击"OK"（见图3-2-65）；用

同样的方法将1号焊盘改为4。

②再次调用元件和网络表，将其更新，焊盘上可见飞线和网络号，完成更改（见图3-2-66）。

图3-2-65　焊盘修改

图3-2-66　元器件封装有网络连接

（2）调整位置、布局：删除外框，再对准元件按下鼠标左键，将元件封装拖到合适位置放下（见图3-2-67）。

注意，如元件放置后出现高亮的绿色，表示对象之间的位置过于接近，需调整；有飞线相连的元件尽量放置在一起，并尽可能使飞线成直线。

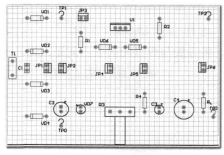

图3-2-67　元件封装布局

（3）添加过孔。

点击工具栏中的过孔放置工具按钮 ⊕ ，按"Tab"键进入属性对话框，修改其过孔大小、标号、网络等相关参数（见图3-2-68）；在电路板的四个角放置四个过孔，方便安装（见图3-2-69）。

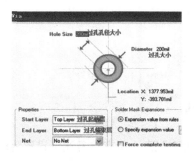

图3-2-68　过孔设置

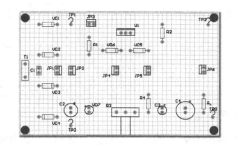

图3-2-69　安装设置效果

3）设置布线规则

在这个电路中，所有信号线都要加宽到80mil（具体视设计而定）。

操作步骤如下：

（1）设置安全间距。

点击 **Design** 命令，下拉菜单中选择命令 **Rules.**（见图3-2-70），弹出规则设置对话框（见图3-2-71）。

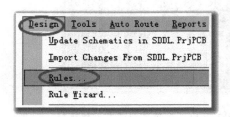

图3-2-70　布线规则设置命令　　　　　图3-2-71　PCB规则编辑器部分项功能

选择 □❖ Electrical 下的 ❖ Clearance / Clearance 选项（见图3-2-72），单击进入安全间距规则设置，将导线与焊盘间的安全间距改为10 mil（见图3-2-73）。

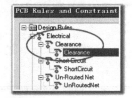

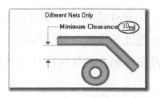

图3-2-72　安全间距设置命令　　　　　　图3-2-73　安全间距设置

（2）设置布线层。

选择 □❖ Routing 下的 Routing Layers / RoutingLayers 选项，取消顶层布线（见图3-2-74）。

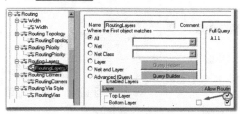

图3-2-74　布线层设置对话框

（3）设置线宽。

选择 □❖ Routing 下的 ❖ Width* 选项，单击进入规则设置，所有信号线宽设置为80 mil（见图3-2-75）。

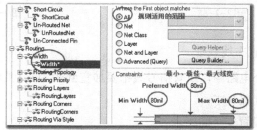

图3-2-75　线宽设置对话框功能及各参数

【安全间距设计要求】

　　有些元件封装载入后由于焊盘间距较小而呈高亮，需修改安全间距。

　　提示：如果电路中两点间电压超过200 V，每超过200 V，安全间距就增加40 mil；电流超过1 A，每安培安全间距增加40 mil。

4）手工布线

（1）焊盘与焊盘之间的直线连接。在编辑工作区下方选择底层 Bottom Layer 如图3-2-76（a）所示，PCB编辑界面切换为底层。单击布线工具 ，光标变为"十"字如图3-2-76（b）所示，进入布线状态，移动光标到任一焊盘，出现八边形 后单击左键，确定起点如图3-2-76（c）所示，移动至与它相连的焊盘并出现 后再次单击，确定终点如图3-2-76（d）所示，完成一条铜膜导线的绘制。

（a）选择布线层　　　　（b）十字光标　　　　（c）确定起点　　　　（d）确定终点

图3-2-76　焊盘与焊盘间的直线连接

（2）焊盘与焊盘之间的曲线连接。在实际连线中还有许多转折线，以图3-2-77（a）中两点的连接为例分析。单击布线工具 ，进入布线状态，移动光标到任一焊盘，出现八边形 后（与其相连的点此时呈现高亮状态），单击左键确定起点，移动光标经过转折位置时，会出现虚拟走线见图3-2-77（b），移动光标调整虚拟走线位置，合适后再单击左键确定转折点见图3-2-77（c），再次移动光标，根据虚拟走线确定后续转折点和终点见图3-2-77（d）。

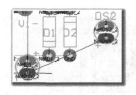

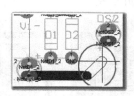
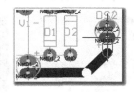
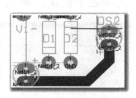

（a）确定起点　　　　（b）出现虚拟走线　　　　（c）确定转折点　　　　（d）确定终点

图3-2-77　焊盘与焊盘间的转折连线

根据布线方法手工完成可调式电源电路PCB板的布线，布线图如图3-2-78所示。

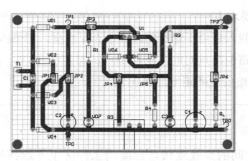

图3-2-78　稳压电源电路参考布线图

5）补泪滴、覆铜

（1）补泪滴。

使导线与焊盘或导孔连接处的过渡段的地方变成泪滴状。

操作：点击"Tools"，下拉菜单中选择"Teardrops…"，弹出对话框（见图3-2-79），采用默认值。

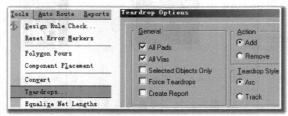

图3-2-79　补泪滴

（2）覆铜。

将电路板空白地方用铜膜铺满，主要目的是提高电路板的抗干扰能力，通常将铜膜与地相连。

操作：点击 ，弹出 Polygon Pour 对话框（见图3-2-80），做相应设置后点击"OK"，光标处于覆铜区域选择状态，确定起点、转折点及终点，完成覆铜（见图3-2-81）。

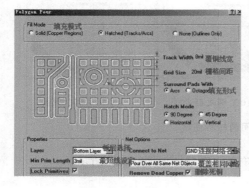

图3-2-80　覆铜设置

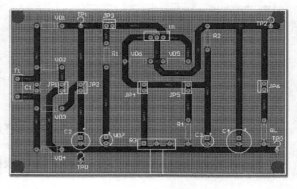

图3-2-81　覆铜效果图

【工作过程】

一、创建PCB文件

在WYDY. PRJPCB中生成PCB文件：WYDY. PCBDOC。

禁止布线层大小为：宽 110 mm、高 75 mm。

操作步骤为：①利用向导新建PCB文件；②重命名、保存。

二、选择、修改、自绘封装

（1）选择封装。

（2）元件库自带的封装修改。

①已有封装类型的修改。

操作步骤：打开元件属性对话框，打开元件封装选择对话框；选择所需的封装库及封装；修改完成，回到原理图中。

②自绘元件封装。

A. 利用向导自绘（以创建C_2封装为例）。

操作步骤：新建PCB元件库文件；新建封装元件，按操作提示进行。

B. 自定义制作PCB封装（以创建稳压管U_1封装为例）。

操作步骤：打开新建的元件封装库文件"WYDY. PcbLib"；新建封装元件并命名；放置焊盘并修改其属性；放置外形轮廓、设置参考点、保存。

三、元件及网络的调用、布局

1）载入元件和网络

在原理图界面下，"Design"→_____；或在PCB图界面下，点击"Design"→_____，进入元件封装加载对话框。

2）布局

（1）修改引脚。

载入元件中变压器T_1的焊盘无飞线和网络，是元件引脚号和封装焊盘号不同所致，需修改。

操作步骤：①双击进入属性对话框，将焊盘号修改为准确值；②再次调用元件和网络表，将其更新，焊盘上可见飞线和网络号，完成更改。

（2）调整位置、布局。

（3）添加焊盘、过孔。

点击工具栏中的过孔放置工具按钮 ，按"Tab"键进入属性对话框，修改其过孔大小、标号、网络等相关参数。

四、布线

（1）自动布线。点击_____，在下拉菜单中选择_____，弹出 Situs Routing Strategies 对话框，选择_____进行自动布线。

（2）手工调整。

五、补泪滴、覆铜

1）补泪滴

点击_____，下拉菜单中选择 `Teardrops..` ，弹出对话框，采用默认值。

2）覆铜

点击_____，弹出 `Polygon Pour` 对话框，做相应设置后点击"OK"，光标处于覆铜区域选择状态，确定起点、转折点及终点，完成覆铜。

任务三　可调式稳压电源电路的装配与调试

【学习目标】

能完成产品装配、调试，实现功能；能按要求填写工作页。

【学习准备】

一、手工制作印制电路板基本流程

手工制作印制电路板的基本流程如图3-3-1所示。

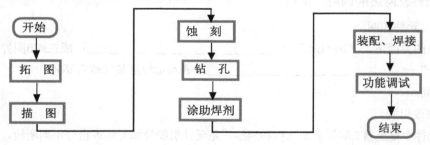

图 3-3-1　手工制板基本流程

二、手工制板

1. 拓图

将绘制完成的PCB图（底板图）（见图3-3-2）复写在敷铜板的铜膜面上。

注意，敷铜板边缘应与电路板边框对齐。

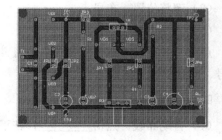

图 3-3-2　可调式电源电路PCB图

2．描图

为能把敷铜板上需要的部分保留下来，须涂防腐蚀层予以保护。用油漆将保留区域涂满油漆：导线用一定宽度的单线，焊盘用圆点。

（1）上图中黑色部分就是需要保留的铜膜，即实际的导线。

（2）油漆要够宽够厚，焊盘位置要突出。

（3）修板：待油漆干后，按照PCB图对其进行适当地修整。避免短路、断路等情况；油漆线应尽量直、宽、厚；地线、电源线应尽量宽。

3．蚀刻

将要蚀刻的印刷电路板浸没在三氯化铁溶液（1份药品配2份水）中，未涂上保护漆的那部分铜膜逐渐腐蚀掉。

（1）腐蚀操作时，要注意掌握时间。一般新配制溶液室温下约10 min就能完成，旧液需时较长，若超过2h或溶液变绿色，需更换溶液。

（2）尽量避免溶液洒落在桌面、衣服和皮肤上。

4．清洗和钻孔、去膜、打磨、涂助焊剂

（1）清洗：腐蚀好的印刷电路板应立即取出用清水冲洗干净，如水洗时间不够底板易变黄。

（2）去膜：一般用热水浸泡后可将油漆除去（也可用小刀将油漆刮掉），残余的用天那水（香蕉水）清洗干净，然后晾干。

（3）钻孔：选择合适的钻头按电路图要求的位置打孔；孔的直径一般取1 mm。

【提示】
钻头要磨锋利，避免钻孔边缘铜膜翘起。

（4）打磨、涂助焊剂：将除去油漆的敷铜板用砂纸打磨光亮后立即涂一层松香酒精溶剂（酒精、松香粉末重量比为3:1）。待酒精挥发后，电路板上就均匀地留下一层松香膜，既是助焊剂，也是保护膜，保护铜膜不被空气氧化。

三、部分元器件介绍

1．电位器

电位器是一种可改变电阻值大小的调节器件。因其调节时常改变电路的电压大小，故称为电位器。

电位器一般为三个引脚，边上的两个引脚之间的阻值为固定（该值决定了电位器的标称值），中间引脚与边上两引脚的阻值受调节旋钮的作用而发生变化，从而达到调节的目的。

本任务电路中电位器的作用便是调节电路的充放电通路的电阻大小，以改变充放电时

间，从而改变输出电压大小。

1）电位器的种类与外形

常用电位器如图3-3-3所示。

| 旋转式电位器 | 碳膜电位器 | 绕线电阻 | 直滑式电位器 | 微调式电位器 |

图3-3-3　常用电位器

2）电位器的标注

电位器的标注常用直接标注法和数字标注法。一般的电位器通常为直接标注，而微调电位器则常常采用三位数字的标注法。如，102，503，105，…

注意，这三位数字不能直接读，如102并不是表示$10^2\ \Omega$，而是前面两位数字为有效数值，第三位数字为10的幂，也即102应读为$10\times10^2=1000\ \Omega=1\,k\Omega$。（其实就是前面两个数字照读，第三个数字是多少，就往后面添加多少个0，单位为欧姆）。

如，503应读为50后跟3个0，即$=50000\ \Omega=50\,k\Omega$；105则表示$1000000\ \Omega=1\,M\Omega$。

3）电位器的检测

电位器的检测：主要进行标称阻值的检测，以及进行动触点与电阻体接触是否良好的检测。

动触点与电阻体接触是否良好的检测方法是：用万用表的欧姆挡（根据标称阻值的大小选好量程），两表笔分别接电位器的一个固定引线脚与动触点引线脚，然后慢慢地旋转转轴，这时表针应平稳地向一个方向移动，阻值不应有跌落和跳跃现象，表明滑动触点与电阻体接触良好。检测时应注意表笔与引线脚不应有断开。

2．半导体二极管

项目二介绍了发光二极管，本项目介绍的是普通半导体二极管。

1）二极管的图形符号

普通二极管的图形符号如图3-3-4所示。

2）二极管的种类与外形

常用二极管种类与外形如图3-3-5所示。

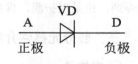

图3-3-4　普通二极管符号

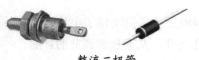 

| 整流二极管 | 开关二极管 | 发光二极管 |

图3-3-5　常用二极管

3）二极管的主要参数

（1）最大整流电流：二极管正常连续工作时，能通过的最大正向电流值，通常称为额定电流。在使用时电路的最大电流不能超过此值，否则二极管就会发热而烧毁。

（2）最大反向工作电压：二极管正常工作时所能承受的最高反向电压值，通常称为额定电压。在使用时电路的最大电压不能超过此值，否则二极管将会被击穿。

4）二极管的极性识别

（1）从外观上识别。

二极管的正、负极一般都在外形上标出，有的直接标注了二极管的图形符号，可以直接判断其正、负极，有的二极管在负极端标有色点，比较常用的普通二极管是在负极端用标注环标出（见图3-3-6）。

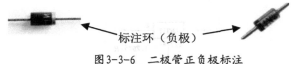

图3-3-6 二极管正负极标注

（2）使用万用表判断。

用万用表 $R \times 100$ 挡或 $R \times 1k$ 挡，用红、黑表笔同时搭接二极管的两个引脚，观察万用表指针的偏转情况，然后对调表笔，重新测量，两次测量中，指针偏转大的一次，黑表笔所接的引脚便是二极管的正极，红表笔所接的引脚是二极管的负极。

5）二极管的检测。

使用万用表除了可以判断二极管的极性外，还可以检测二极管的质量好坏。

万用表置于 $R \times 100$ 挡，将表笔任意接二极管的正、负极，先读出一阻值，然后交换表笔再测一次，又测得一电阻值，其中阻值小的一次为正向电阻，阻值大的一次为反向电阻。对于硅材料的二极管，正常情况下的正向阻值应为几千欧，反向电阻接近∞。

正、反向阻值相差越多表明二极管的性能越好。如果正、反向阻值相差不大，此二极管不宜选用；如果测得的正向电阻太大也表明二极管性能变差，若正向阻值为∞，则表明二极管已经开路；若测得的反向电阻很小，甚至为零，说明二极管已击穿。

使用万用表进行二极管检测时应选用的 $R \times 100$ 或 $R \times 1k$ 挡，不宜用 $R \times 1$、$R \times 10$ 或 $R \times 10k$ 挡。因 $R \times 1$、$R \times 10$ 挡电流较大，$R \times 10k$ 挡电压较高，两者都容易造成管子的损坏。

3. 集成稳压电路 LM317

LM317 是美国国家半导体公司的三端可调稳压器集成电路。国内和世界各大集成电路生产商均有同类产品可供选用，是使用极为广泛的一类串联集成稳压器。它不仅具有固定式三端稳压电路的最简单形式，又具备输出电压可调的特点。此外，还具有调压范围宽、稳压性能好、噪声低、纹波抑制比高等优点。其主要性能参数如下：

输出电压：1.25～37 V DC；

输出电流：5 mA～1.5 A；

最大输入——输出电压差：40 V DC；

最小输入——输出电压差：3 V DC；

使用环境温度：-10～+85 ℃

芯片内部具有过热、过流、短路保护电路。

LM317的常用外形及引脚排列如图3-3-7所示。

3-调节端
2-输出端
1-输入端

图3-3-7　LM317外形及引脚功能

由于输出端（2脚）与调节输入端（3脚）之间的电压保持在1.25V，调整接在输出端与地之间的分压电阻R_1和R_2来改变ADJ端的电位（见图3-3-8），可以达到调节输出电压的目的。

原理如下：R_1两端的1.25 V恒定电压产生的恒定电流流过R_1和R_2，在R_2上产生的电压加到ADJ端。此时，输出电压U_o取决于R_1和R_2的比值，当R_2阻值增大时，输出电压升高，即$U_o=1.25\left[\left(R_1+R_2\right)/R_2\right]$。

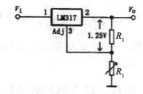

图3-3-8　LM317调压电路连接

四、元器件检测

元器件检测步骤如下：

（1）清点元器件。

（2）元器件识别、检测并填表：对照元器件表检查元器件种类和数量，并填写检测表。

五、装配、焊接

完成PCB板的手工制板工艺之后，根据前一项目学习的电路装配流程，完成电路的装配与焊接，具体步骤如下。

（1）元器件试安装。

（2）安装和焊接。

（3）整机装配（自选外包装）。

六、电路调试

电路装配完毕，根据前一项目学习的电路调试方法，完成电源电路的功能调试。

（1）电路板的全局检查。

（2）接通电源。

（3）若出现故障应通过各种方法排出并最终实现功能。

【工作过程】

一、制板

按流程制作电路板。

二、元器件识别和检测

对所给元器件进行识别与检测，测量元器件尺寸，并记录填入表3-3-1。

表3-3-1　元器件识别和检测记录表

元器件		识别及检测内容			元器件尺寸			作用
电阻器 3支		色环（最后一位为误差）	标号	标称值(含误差)	引脚最短间距/mil			
		红黑棕金						
		绿棕红金						
		绿绿棕金						
电容器	瓷片电容	标号	数码标志	容量值/μF	引脚最短间距/mil			
			103					
	电解电容							
稳压管1支		面对标注面，管脚向下，画出管外形示意图，标出管脚名称			厚度	宽度	引脚间距	
	U_1							
二极管	$VD_1 \sim VD_6$		测量阻值	测量挡位	引脚最短间距			
		正向						
		反向						
	发光二极管VD_7	正向						
		反向						

三、安装焊接电路

（1）根据设计出来的PCB图，进行试安装。

电位器的判别方法：_____。

二极管的极性和好坏判别方法：_____。

（2）将各个元器件依次安装焊接在PCB板上。

对于本任务，你所确定的元器件安装次序是：_____

_____。

四、电路调试

接入220 V市电，进行调试，观察它是否能实现功能：输出直流电压，且数值可调。

（1）你在调试过程中，能否第一次调试就成功实现电路功能？

□第一次调试电路就成功实现功能　　　　□第一次调试电路不能实现功能

①若你是属于第一次调试就成功的，请谈谈你认为你能成功的原因。

_____。

②若你第一次调试不能实现功能，请检查电路故障，记录相关故障现象，分析故障原因，并进行检修，排除故障，最后实现电路功能。

电路出现的故障现象有：

_____。

电路故障发生的原因是：

_____。

电路故障的发现和故障原因的分析是你独立完成的，还是在同学帮忙下完成，还是在老师的指引下完成的？

_____。

□自己独立完成　　　　□同学帮忙完成　　　　□老师指导完成

你是如何排除电路故障的呢？将你的解决方法记录下来。

_____。

（2）要改变输出电压的可调范围，你认为应该如何修改电路？请尝试操作，并记录下你的观测情况。

_____。

任务四　　可调式稳压电源电路的参数分析

【学习目标】

能使用示波器等常用仪器按照工作页列写的测量点完成数据测试，填写、分析测量数据。

【学习准备】

一、示波器

示波器是一种用途很广的电子测量仪器，用来观察各种周期性变化的电压、电流波形，也可用来测量电压、电流波形的幅值、周期等参数。示波器是检测、调试电子电路必备的仪器之一，尤其在低频电子电路和高频电子电路的测试中发挥重要的作用。

1．示波器的认识

图3-4-1是HITACHI V-252型双踪模拟示波器示意图，其面板示意图如图3-4-2所示。

图3-4-1　HITACHI V-252型双踪模拟示波器　　　图3-4-2　示波器面板示意

HITACHI V-252型示波器各常用开关与旋钮的含义与功能作用如下：

（1）电源与显示系统的开关与旋钮。

① POWER（电源）：当此开关按下时，指示灯亮，电源接通。

② TRACE ROTATION（光迹旋转）：用来调整水平扫线，使之平行于刻度线。

③ INTENSITY（辉度）：控制光点和扫线的亮度。

④ FOCUS（聚焦）：将扫线聚成最清晰。

（2）垂直调节（Y轴）系统的开关与旋钮。

⑤ VOLTS/DIV（左通道幅值旋钮）：调节左通道电压灵敏度。

⑥ ×5 GAIN（左通道幅值扩展旋钮）：当该旋钮被拉出时，幅值的显示值被扩展5倍。

⑦ INPUT（左通道输入插座）：接输入探头，被测信号从这里进入示波器。

⑧ 左通道Y轴放大器输入耦合方式选择开关。

AC（交流耦合）：对于输入信号中含有的直流成分予以切断。

GND（接地）：输入信号与放大器断开同时放大器输入端接地。

DC（直流耦合）：能观察含有直流成分的输入信号。

⑨ POSITION（位移）：调节左通道扫线或光点的垂直位置。

⑩ DC BAL：直流校准控制。

⑪ MODE：测量方式选择开关。

CH1（通道1）：仅显示左通道（CH1）的信号。

CH2（通道2）：仅显示右通道（CH2）的信号。

ALT（交替）：CH1和CH2交替工作，适用于较高扫速。

CHOP（断续）：CH1和CH2低速轮流工作。

ADD（相加）：显示两通道信号的代数和（CH1+CH2）。

⑫ INT TRIG（内部触发选择开关）：选择内部的触发信号源。

CH1：选择CH1输入信号作触发源信号。

CH2：选择CH2输入信号作触发源信号。

VERT MODE：交替地分别以CH1和CH2两路信号作为触发源信号。

⑬ POSITION（位移）：调节右通道扫线或光点的垂直位置。

⑭ 右通道Y轴放大器输入耦合方式选择开关。

⑮ INPUT（右通道输入插座）：接输入探头，被测信号从这里进入示波器。

⑯ ×5 GAIN（右通道幅值扩展旋钮）：当该旋钮被拉出时，幅值的显示值被扩展5倍。

⑰ VOLTS/DIV（右通道幅值旋钮）：调节右通道电压灵敏度。

（3）水平调节（X轴）系统的开关与旋钮。

⑱ TIME/DIV（扫描时间旋钮）：调节信号的时间灵敏度。

⑲ SWP VAR（扫描时间扩展旋钮）：当此旋钮顺时针转到满度的"校准"位置，被测信号的时间显示值等于原值；当此旋钮以逆时针转到满度时，其屏幕显示的时间变化范围为原值的2.5倍。

⑳ POSITION（位移）：调节扫线光点的水平位置。

（4）触发系统的开关与旋钮。

㉑ MODE：触发方式。

AUTO（自动）：当无触发信号加入或触发信号频率低于50 Hz时，扫描为自激方式。

NORM（常态）：当无触发信号加入时，扫描处于准备状态，没有扫描线。

㉒ LEVEL（电平）：调节触发电平。当信号波形不能稳定显示时，调节此旋钮可以使之稳定。

㉓ TRIG IN（触发输入插座）：外部触发源信号输入。

㉔ SOURCE（触发源）：选择不同的触发源。

（5）其他端口。

㉕ ⏚（接地）：提供示波器的接地端信号。

㉖ CAL.5 V（校准信号）：输出端提供频率1 kHz，校准电压0.5 V的方波，为校准示波器用。

（6）示波器探头：使用示波器时必须用示波器探头接触被测信号，通过探头将信号输入示波器。示波器探头如图3-4-3所示。

将示波器探头插入示波器的左（右）通道的输入插座便可进行

测量，分别插入一个探头便可。

图3-4-3　示波器探头

示波器探头上有一个幅值衰减系数开关，分别为×1和×10。选择×1时，外部信号将不经衰减按原来幅值进入示波器，示波器读取的信号幅值数据便是输入信号的幅值；当选择×10时，外部信号将经过衰减按原来幅值的十分之一进入示波器，示波器读取的信号幅值数据需乘回10倍才是输入信号的真正幅值。可见，当测量幅值较大的电压信号时，为了避免高电压对示波器产生影响，可以在探头上选择×10的衰减开关，将电压幅值降低后才送入示波器。

2．示波器的使用方法

以测量示波器校准信号为例。

（1）打开电源开关。

（2）将"⑪MODE（测量方式选择开关）"选择为CH1；将"⑧左通道Y轴放大器输入耦合方式选择开关"选择为DC；将"㉑MODE"选择为AUTO。

（3）锁定"⑥×5GAIN（左通道幅值扩展旋钮）"和"⑲SWP VAR（扫描时间扩展旋钮）"这两个旋钮在不同的测量中有相应的作用，而本次测量为了准确读出测量值，故将之锁定。

（4）分别调节⑨和⑳"POSITION（位移旋钮）"，使扫描基线调整在中心位置。

（5）分别调节"③INTENSITY（辉度）""④FOCUS（聚焦）"，使基线清晰。

（6）调节"⑤VOLTS/DIV（左通道幅值旋钮）"，选择左通道电压灵敏度为0.5 V/DIV。

（7）调节"⑱TIME/DIV（扫描时间旋钮）"，选择时间灵敏度为0.5 ms/DIV。

（8）将探头接到"⑦INPUT"（左通道输入插座），另一端接到"㉖CAL.5 V"（校准信号输出端）。此时应出现示波器本身的校准方波波形，如图3-4-4所示。

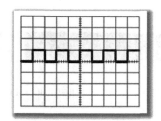

图3-4-4　示波器校准方波波形

注意，若方波显示不稳定，可调节"㉒LEVEL"（电平旋钮），使波形稳定下来。

（9）读取方波幅值：观察波形图，可知方波峰-峰值为1个格（竖直方向的格数），则电压峰-峰值 U_{P-P}=V/DIV（电压灵敏度）×DIV（格数）=0.5 V/DIV×1DIV=0.5 V。

（10）读取方波周期：观察波形图，可知方波周期为2个格（水平方向的格数），则方波的周期 T=T/DIV（时间灵敏度）× DIV（格数）= 0.5 ms / DIV×2 DIV=1 ms，频率 f=1 / T=1 /1ms=1 kHz。

3．正弦信号的电压参数与时间参数的读取方法

设被测信号的波形显示如图3-4-5所示，示波器的X轴时间灵敏度选择为0.1 ms/DIV，示波选择为0.1 ms/DIV，示波器的Y轴输入电压灵敏度选择为0.2 V/DIV。

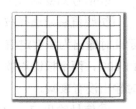

（1）电压参数读取方法。

由波形图可观察到信号的电压由最低到最高的垂直距离为4个方格。故电压峰-峰值 U_{P-P}=V/DIV×DIV=0.2 V/DIV×4 DIV=0.8 V，电压最

图3-4-5　被测正弦波波形

大值（峰值）$U_m = U_{P-P}/2 = 0.8/2 = 0.4\,\mathrm{V}$，电压有效值 $U = U_m/\sqrt{2} = 0.4/\sqrt{2} = 0.28\,\mathrm{V}$。

（2）时间参数读取方法。

由波形图可观察到信号两个波峰之间的水平距离为4个方格。故周期 $T = \mathrm{T}/\mathrm{DIV} \times \mathrm{DIV} = 0.1$ ms / DIV × 4DIV $= 0.4\,\mathrm{ms}$，频率 $f = 1/T = 1/0.4\,\mathrm{ms} = 2.5\,\mathrm{kHz}$。

二、函数信号发生器

在电子技术应用中，往往需要不同的测试信号，能够提供这些测试信号的设备和仪器称为信号发生器。EE1652型信号发生器是一种精密的测试仪器（见图3-4-6）。

图3-4-6　EE1652型信号发生器

1．EE1652型信号发生器的面板示意

EE1652型信号发生器面板示意如图3-4-7所示，各部分按键旋钮的含义与功能作用如下：

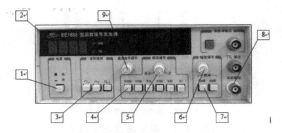

图3-4-7　EE1652型信号发生器面板示意

①电源按键。

②显示屏：显示输出信号频率。

③函数波形选择按键：由波形选择按键选择函数波形，可选择正弦波、三角波、方波。

④频段选择按键（挡位）：选择输出信号的不同频率段。

⑤频率细调旋钮：调节输出信号的频率。结合频段选择按键，进行频率细调后可以确定函数信号的频率，频率大小可由显示屏观察。

⑥信号幅度调节旋钮：调节输出信号的电压幅值。

⑦幅值衰减选择按键：当需要输出小信号时，可按下衰减选择按键：只按下 20 dB 按键表示此时输出为原设定信号幅度的 $1/10$，只按下 40 dB 按键表示此时输出为原设定信号幅度的 $1/100$，两个按键均按下表示此时输出为原设定信号幅度的 $1/1000$，两个按键均不按下表示此时输出没有衰减。

⑧信号输出口：将信号线接在函数输出口，以向外提供函数信号。这是一般情况下的使用方法，若需输出TTL电平信号或脉冲信号应将信号线接在TTL信号输出口或单脉冲输出口处。

⑨直流电平调节旋钮：若输出信号没能在示波器中很好地显示出来，此时可适当调节此旋钮。

2. 信号发生器的使用方法

以产生函数信号为例。

（1）打开电源开关；

（2）将输出线接到函数输出口插座；

（3）选择波形选择按键，产生所需的电压波形；

（4）选择频段选择按键，再调节频率调节旋钮，产生所需的频率；

（5）选择幅度衰减选择按键（或两者都不选择），再调节幅度调节旋钮，产生所需的电压信号幅值；

（6）将输出线接到相应的测试电路，便可将信号输入被测电路。

三、电子毫伏表

在测试一些小（毫伏级）的交流信号的电压幅度时，常用的万用表是不能进行准确测量的，此时需要使用电子交流毫伏表进行测量。图3-4-8为NY4510型电子毫伏表。

电子毫伏表的使用方法较为简单，调好挡位后，将被测试的交流信号接入电子毫伏表测试端，直接读数便可得出测试信号的有效电压值。

读数时需留意刻度尺的选择，当选定的挡位为1或1的倍乘数时，应读取第一条刻度尺；当选定的挡位为3或3的倍乘数时，应读取第二条刻度尺。

电子毫伏表测试得到的读数是测试信号的电压有效值。

图3-4-8　NY4510型电子毫伏表

四、稳压电源电路参数测试

使用万用表、示波器等电子仪器完成稳压电源电路的参数测试。

一、输出电压值测试

1. 输入电压测试

使用万用表交流电压挡测量变压器副边电压U_2：_____。

2. 整流滤波电路测试

将JP_3断开，根据表3-4-1给出的跳线连接方式进行测试。万用表应调至直流电压挡。

表3-4-1　整流滤波电路测试参数

电路形式	跳线连接方式	输出电压U_L（TP_1）	理论计算值
半波整流	JP_1、JP_2断开		
半波整流电容滤波	JP_1断开、JP_2连接		
桥式整流	JP_1连接、JP_2断开		
桥式整流电容滤波	JP_1、JP_2连接		

提示：理论值计算公式依次是$U_L = 0.45U_2$、$1.0U_2$、$0.9U_2$、$1.2U_2$。

结论：根据数据可知，在＿＿＿＿＿＿＿＿电路形式下输出电压最高，在＿＿＿＿＿＿＿＿电路形式下输出电压最低。

3. 稳压电路输出测试

将JP_1、JP_2、JP_3均连接。根据表3-4-2给出的跳线连接方式进行测试。万用表调至直流电压挡。

表3-4-2　稳压电路输出测试参数

调节形式	负载R_L大小	跳线连接方式	稳压输出电压U_L（TP_2）
不可调	470 Ω	JP_4断开、JP_5连接、JP_6连接	
$R_4 = 2.2$k Ω	∞（空载）	JP_4断开、JP_5连接、JP_6断开	

调节形式	负载R_L大小	跳线连接方式	最小输出电压U_{Lmin}（TP_2）	最大输出电压U_{Lmax}（TP_2）
可调	470 Ω	JP_4连接、JP_5断开、JP_6连接		
$R_3 = 10$k Ω	∞（空载）	JP_4连接、JP_5断开、JP_6断开		

结论：根据数据，可知负载电阻越小，输出电压越＿＿＿＿＿＿＿＿。

4. 电源波动稳压输出测试

将短路跳线按表3-4-3连接，测试稳压输出电压值。

表3-4-3　电源波动稳压输出测试参数

电路形式	跳线连接方式	稳压输入电压U_I（TP_1）	稳压输出电压U_L（TP_2）
桥式整流电容滤波	JP_1、JP_2、JP_3、JP_5连接 JP_4、JP_6断开		
半波整流电容滤波	JP_2、JP_3、JP_5连接 JP_1、JP_4、JP_6断开		

结论：电源波动稳定系数计算：＿＿＿＿＿＿＿＿＿＿。

二、输出电压值波形记录

1. 灵敏度设置

将示波器各个按钮（旋钮）按图
3-4-9设置（T/DIV=5ms、V/DIV=5V）。

图3-4-9　示波器灵敏度设置

2. 电压波形记录

（1）将电压波形分别记录在图3-4-10～图3-4-14中。

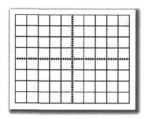

图3-4-10　变压器副边电压波形记录

JP_1、JP_2、JP_3断开，测试TP_1

JP_1、JP_3断开，JP_2连接，测试TP_1

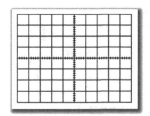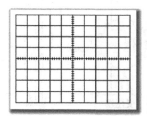

图3-4-11　半波整流输出电压波形记录　　图3-4-12　半波整流电容滤波输出电压波形记录

JP_1连接，JP_2、JP_3断开，测试TP_1

JP_1、JP_2连接，JP_3断开，测试TP_1

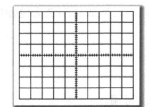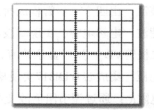

图3-4-13　桥式整流输出电压波形记录　　图3-4-14　桥式整流电容滤波输出电压波形记录

（2）固定式稳压输出电压波形记录：先将JP_1、JP_2、JP_3连接。

①将空载输出波形记录在图3-4-15中。

②带负载输出波形记录在图3-4-16中。

JP₅连接，JP₄、JP₆断开，测试TP₂

JP₅、JP₆连接，JP₄断开，测试TP₂

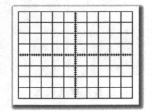

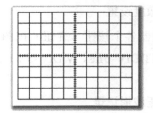

图3-4-15　稳压输出电压（空载）　　　　图3-4-16　稳压输出电压（带负载）

五、稳压电源电路工作原理分析

所谓直流稳压电源电路，就是当电网电压变化时，或者负载变化时，能使输出的直流电压基本保持不变的电路。

稳压电源电路原理如图3-4-10所示。本电路是由LM317可调式集成稳压管所构成的1.2～15.6 V稳压电路。

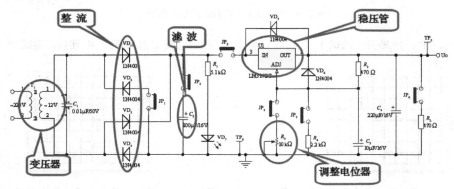

图3-4-10　稳压电源电路原理分析

（1）变压：变压器T_1将220 V的市电变为12 V送入电路。

电容C_1：滤高频、抗干扰。

（2）整流：由四个二极管构成桥式整流电路，将12 V的交流电转换成脉动直流电输出。

（3）滤波：电解电容C_2实现滤波，并将信号从R_1输出。

发光二极管VD_7：用于显示整流、滤波后是否有输出。

（4）稳压：集成芯片LM317实现稳压输出。

可变电阻R_3：通过调节阻值改变受控端电压，实现稳压输出可调。

二极管VD_6：当输出短路时，C_3上的电压被VD_6泄放掉，从而达到反偏保护的目的。

二极管VD_5：当输入短路时，C_4等元件上储存的电压通过VD_5泄放，防止内部调整管反偏。

电容　C_3：防止R_3从0迅速变到最大时，稳压管1脚电压突变。提高它的纹波抑制能力。另外，大电流输出时，会因温升过高而截止，必须加适当面积的散热器。

（5）滤波：滤除杂波。

【工作过程】

一、认识示波器与信号发生器

（1）记录示波器型号：_____。

（2）记录函数信号发生器型号：_____。

（3）请指出图3-4-11中按键或旋钮名称及其功能。

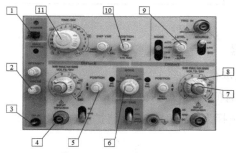

图3-4-11 示波器面板

① _____，功能：_____；

② _____，功能：_____；

③ _____，功能：_____；

④ _____，功能：_____；

⑤ _____，功能：_____；

⑥ _____，功能：_____；

⑦ _____，功能：_____；

⑧ _____，功能：_____；

⑨ _____，功能：_____；

⑩ _____，功能：_____；

⑪ _____，功能：_____。

（4）波形图数据读取。

某信号在示波器上的显示波形、选择的X轴时间灵敏度和Y轴输入电压灵敏度如图3-4-12所示，记录其相关参数的数据（设示波器探头幅值衰减系数开关选为×1，幅值扩展旋钮和扫描时间扩展旋钮均锁定）。

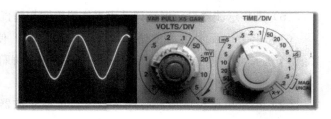

图3-4-12 示波显示

将相关数据记录在表3-4-4中。

表3-4-4　数据记录表

电压参数	电压灵敏度	电压峰-峰值格数	电压峰-峰值	电压最大值	电压有效值
	1 V/DIV				
时间参数	时间灵敏度	周期格数	周期	频率	
	0.5 ms/DIV				

二、示波器的测试

1．测量示波器校准信号

使用示波器测量本机校准信号。

要求：将示波器的 X 轴时间灵敏度选择为0.2 ms/DIV，示波器的 Y 轴输入电压灵敏度选择为0.2 V/DIV；幅值扩展旋钮和扫描时间扩展旋钮均锁定。

示波器探头幅值衰减系数开关选为×1。

将示波器显示波形记录在图3-4-13中。

记录数据。

校准信号的电压峰-峰值 U_{P-P} = ＿＿＿＿＿＿＿＿＿＿＿。

校准信号的周期 T = ＿＿＿＿＿＿＿＿＿；

频率 f = ＿＿＿＿＿＿＿＿＿。

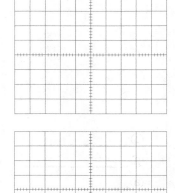

图3-4-13　示波器波形记录

2．测量信号发生器输出信号

（1）初始设定好示波器：幅值扩展旋钮和扫描时间扩展旋钮均锁定；示波器探头幅值衰减系数开关选为×1。

（2）调节信号发生器，选择函数信号输出波形为正弦波。

（3）调节电子毫伏表的挡位为1V，将电子毫伏表与信号发生器连接。此时调节信号发生器的幅度调节旋钮，同时观察电子毫伏表，使得电子毫伏表的读数为0.5 V。

（4）断开电子毫伏表，将信号发生器与示波器相连接。

（5）调节信号发生器的信号频率为500 Hz。

（6）观察示波器显示屏，调节水平位置旋钮和垂直位置旋钮，使波形居中。

（7）调节电压灵敏度旋钮和时间灵敏度旋钮，使得屏幕上的波形在水平方向出现2个（或3个）周期，垂直方向上显示最高（不能超出屏幕）。

（8）绘制信号波形图。

（9）记录电压灵敏度和时间灵敏度，读取示波器显示波形的幅值和周期，并计算相应参数。

绘制信号波形图，并记录在图3-4-14中。

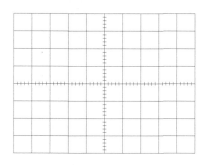

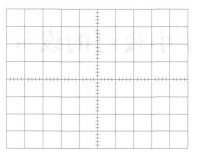

图3-4-14　信号发生器输出信号波形

将参数记录和处理填入表3-4-5。

表3-4-5　参数记录

电压参数	电压灵敏度	电压峰-峰值格数	电压峰-峰值	电压最大值	电压有效值
时间参数	时间灵敏度	周期格数	周期	频率	

观察上述参数，哪一个参数与电子毫伏表的读数最接近？这说明什么道理？

_____

_____。

项目四　电子小夜灯的设计与工艺

知识目标

（1）能用Protel DXP 2004绘制原理图，完成PCB图的设计与绘制；

（2）能完成PCB板画板、腐蚀等制作工艺；

（3）能利用万用表判别二极管、电容的好坏和电极，能按照装配图完成电路的装配、焊接，能利用万用表等工具调测电路实现电路功能；

（4）能用文字描述电子小夜灯电路的工作原理、元件的作用；

（5）学会阅读工作指引，能按照工作指引自主完成任务，养成自主学习的好习惯；

（6）学会资源共享、互帮互助，发挥小组成员的优势共同完成任务，培养团队合作的精神。

任务分解

（1）利用Protel DXP 2004完成电子小夜灯电路原理图绘制；

（2）利用Protel DXP 2004完成电子小夜灯电路封装的设计、绘制和PCB图的绘制；

（3）了解电子小夜灯电路的原理图和基本工作原理，识别组成电路的基本元件，根据自己设计的PCB图完成手工制板、电路的焊接装配，并完成整机产品调试。

学习背景

请同学们回忆一下，你们小时候晚上睡觉，父母是不是会在你们的房间点亮一盏小夜灯，在小夜灯微亮的灯光陪伴下你们安然入睡，父母在灯光的照耀下起夜照顾你们。各式各样的小夜灯被大家所喜欢和使用，如何设计一个电子小夜灯电路呢？

本项目介绍一款简易电子小夜灯产品的设计与制作，使学生初步认识电子产品从电路设计、制作（油漆制板）、实现功能并自选包装构成一个实用产品的全过程。

【预备知识】

一、电子小夜灯电路原理图

电子小夜灯的电路原理如图4-0-1所示。

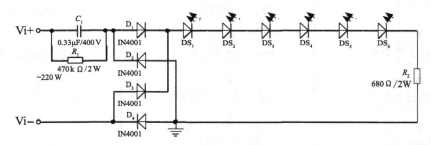

图4-0-1 电子小夜灯电路原理图

二、电子小夜灯电路元器件

电子小夜灯电路的元器件如表4-0-1所示。

表4-0-1 电子小夜灯电路元器件清单

元件名称	编　号	元器件外形
涤纶电容	C_1	
电阻	R_1	
电阻	R_2	
整流二极管	$D_1 \sim D_4$	
发光二极管	$DS_1 \sim DS_6$	
单相插头		

任务一 电子小夜灯电路原理图的绘制

【学习目标】

在工作页的指引下能完成电子小夜灯电路的绘制和工作页的填写。

【学习准备】

一、原理图设计流程

原理图设计流程如图4-1-1所示。

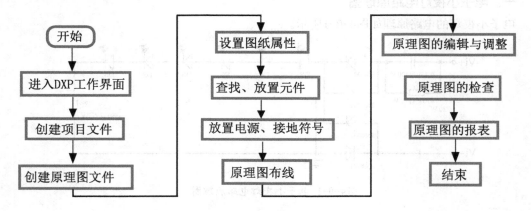

图4-1-1 原理图设计流程

二、文件建立

1.新建项目文件并命名

新建项目文件：XYD.PRJPCB，并保存在桌面以班级序号姓名命名的文件夹中。

操作步骤：

1）新建项目文件（PCB Project）

双击图标 ，进入DXP工作界面（见图4-1-2）。

图4-1-2 DXP工作界面

点击主菜单"File"命令，弹出下拉菜单，移动光标指向"New"命令，弹出下拉菜单，再次移动光标指向"Project"命令，在弹出的菜单中选择"PCB Project"命令（见图4-1-3）。

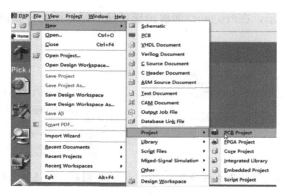

图4-1-3　新建项目文件

2）改名、保存

在Projects面板中单击右键，弹出菜单选择保存命令"Save Project"（见图4-1-4），弹出存储对话框，修改存储地址和文件名（见图4-1-5），完成项目文件保存和重命名。

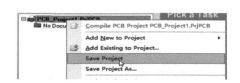

图4-1-4　保存项目文件　　　　　　　图4-1-5　项目文件保存目录和项目名

图4-1-6、图4-1-7分别为文件创建后在Projects面板的树形显示和在存储盘符中的图标显示状态。

图4-1-6　项目文件保存显示示意　　　图4-1-7　项目文件在存储盘中的图标显示示意

2. 新建原理图文件并命名

在XYD. PRJPCB中新建XYD. SCHDOC原理图文件。

操作步骤如下：

1）在已建的项目文件中新建原理图文件

点击主菜单"File"，移动光标指向"New"命令，弹出下拉菜单，选择"Schematic"

命令如图4-1-8（a）所示，在Projects面板出现新建的原理图文件如图4-1-8（b）所示。

图4-1-8（a）　新建原理图文件命令

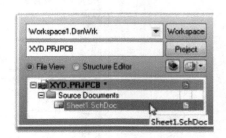

图4-1-8（b）　新建原理图文件效果

2）改名、保存

在Projects面板中对准原理图文件名，单击右键，选择保存命令"Save"（见图4-1-9），弹出保存对话框选择存储地址、修改原理图文件名（见图4-1-10），完成原理图文件的保存和重命名。

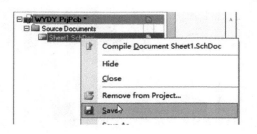

图4-1-9　保存原理图文件命令

图4-1-10　原理图文件保存目录和原理图文件名

图4-1-11、图4-1-12分别为原理图文件创建后在Projects面板树形显示和盘符中的图标显示效果。

图4-1-11　原理图文件保存显示示意

图4-1-12　原理图文件在存储盘中的图标显示示意

三、原理图图纸属性设置

对XYD.SCHDOC文件，进行如下设置：取消标准标题栏并按下图格式绘制标题栏、填写相关内容。

操作步骤：打开原理图文件XYD. SCHDOC。

图4-1-14　图纸属性设置命令

1. 原理图图纸设置

点击主菜单"Design"，在下拉菜单中选择"Document Options"命令（见图4-1-14）。打开属性对话框"Document Options"，调整图纸属性：取消标准标题栏，图纸大小为A4、方向为横向、捕获栅格为5个单位、显示栅格为10个单位（见图4-1-15）。

图纸栅格颜色设置

图纸栅格默认的颜色为白色，视觉效果不清晰，需重新设置。

图4-1-15　图纸属性设置

在文件编辑界面下单击鼠标右键，弹出菜单选择"Options"→"Schematic　Preferences…"（见图4-1-16），在弹出的对话框中选取 Schematic / Grids ，点击 Grid Color （见图4-1-18），打开颜色选择对话框，选取所需颜色（建议选择19号颜色，如图4-1-17所示）。

图4-1-16　图纸参数设置命令

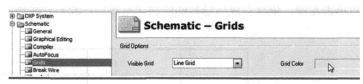

图4-1-17　栅格颜色选择对话框

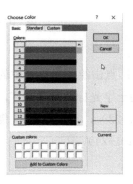

图4-1-18　栅格颜色设置对话框

【提示】

当改变显示栅格颜色后，图纸的捕获栅格大小往往会变回"1"个单位，此时可重新调整捕获栅格为"5"个单位，如图4-1-19所示。

图4-1-19　将捕获栅格大小改回5个单位

2. 标题栏绘制

点击绘图工具栏中的画线工具（见图4-1-20），光标变为十字光标（见图4-1-21），处于画线状态。

图4-1-20　画线工具　　　　　　图4-1-21　画线状态

移动光标到合适位置，单击鼠标左键确定起点，移动光标按格式绘制外框，每经过一个转折点单击一次左键，到达终点单击确定。再次单击右键，取消连线状态。移动光标到新的起点单击左键，依次完成标题栏的绘制（见图4-1-22）。注意，标题栏在原理图的右下角。

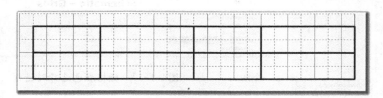

图4-1-22　绘制标题栏

3. 文字输入

（1）放置文字：点击绘图工具栏中的放置文本工具，光标变为十字光标并携带文字，处于文本放置状态（见图4-1-23），再按"Tab"键弹出文本属性对话框（见图4-1-24）。

图4-1-23　文本放置工具

图4-1-24 文本属性对话框

修改好文字并设置属性后，按"OK"退出属性对话框，移动光标到合适位置，单击左键放置；再次按"Tab"键弹出文本属性对话框，重复上述操作完成所有文字输入，如图4-1-25所示。

姓名			机号	
班级序号			日期	

图4-1-25 已放置文字的标题栏

（2）调整位置：打开原理图属性对话框，取消捕获栅格（见图4-1-26），拖动文字至合适位置，完成后保存文件（见图4-1-27）。

图4-1-26 重新设置捕获网格

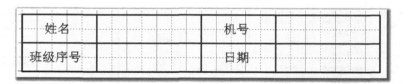

图4-1-27 调整好文字的标题栏

四、原理图绘制

1．读图

了解组成电路的元件类型、编号、标注、名称及在软件中所属的库并记录（见表4-1-1）。

表4-1-1 电子小夜灯电路元件名称及所在元件库

元件类型和编号		元件标注	元件名称	所属元件库
涤纶电容C_1		0.33 μF/400 V	Cap	Miscellaneous Devices. IntLib
整流二极管$VD_1 \sim VD_4$		1N4001	Diodel 1N4001	
发光二极管$VD_1 \sim VD_6$			LED0	
电阻	R_1	470 kΩ/2 W	Res$_2$	
	R_2	680 Ω/2 W		

2．绘图

1）浏览和装载元件库

根据原理图中元件所属的元件库名称（本电路中所有元件均在分立元件库）将其加载。

操作步骤：

（1）打开"Libraries"（元件库）工作面板：选择"View"→"Workspace Panels"→"System"→"Libraries"命令（见图4-1-28），打开"Libraries"

工作面板（见图4-1-29）。

（2）加载元件库：点击"Libraries"按钮，弹出元件库对话框"Available Libraries"；选择第二个标签——安装 Installed ，点击"Install"按钮（见图4-1-30）弹出"打开"对话框，在"查找范围"中选择C：/Program Files/Altium2004 SP2/Library/…（见图4-1-31）。在元件库列表中双击分立元件库名称 Miscellaneous Devices.IntLib（见图4-1-32），完成加载（见图4-1-33）。

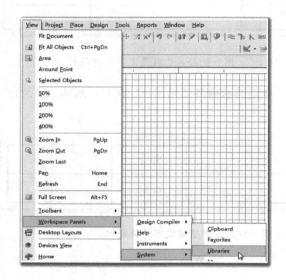

图4-1-28　元件库工作面板调用命令

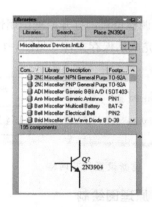

图4-1-29　元件库工作面板

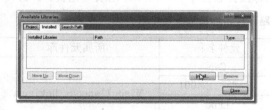

图4-1-30　加载元件库1

图4-1-31　加载元件库2

图4-1-32　加载元件库3

图4-1-33　加载元件库4

元件库工作面板显示和各部分功能如图4-1-34所示。

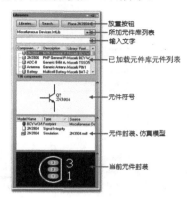

图4-1-34 加载元件库后工作面板显示和各部分功能

2）放置元器件

找到原理图中各元件，修改属性并放置。

以电容C_1的放置为例分析，具体步骤如下：

（1）查找元件。

①打开元件库"Libraries"工作面板；

②根据元件名称"Cap"或元件符号╬找到元件，双击元件名称或点击 Place Cap 按钮（见图4-1-35），处于元件放置状态（见图4-1-36）。

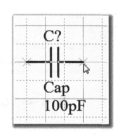
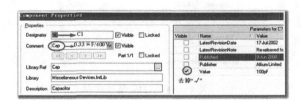

图4-1-35 选择电容器　图4-1-36 放置电容器状态　　　　图4-1-37 修改电容属性

（2）修改属性。

处于元件放置状态时，按"Tab"键进入元件属性对话框修改其属性：将标号改为"C1"、注释框中改为参数"0.33μF/400V"，将"Value"的复选框取消（见图4-1-37）；点击元件属性对话框右下角的 OK 按钮，回到原理图界面（见图4-1-38），移动光标至合适位置，单击将元件放置。

如图4-1-39～图4-1-50所示，将所有元件放置完毕。

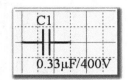

图4-1-38　放置修改属性后的电容C_1

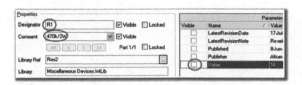

图4-1-39　R_1属性修改

图4-1-40　R_2属性修改

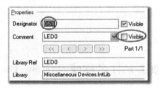

图4-1-41　DS_1属性修改

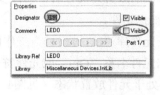

图4-1-42　DS_2属性修改

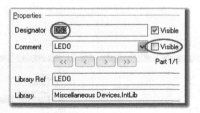

图4-1-43　DS_3属性修改

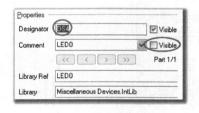

图4-1-44　DS_4属性修改

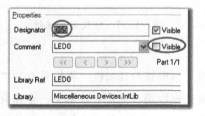

图4-1-45　DS_5属性修改

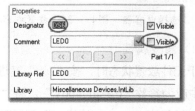

图4-1-46　DS_6属性修改

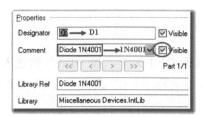

图4-1-47 D_1属性修改

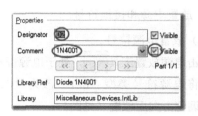

图4-1-48 D_2属性修改

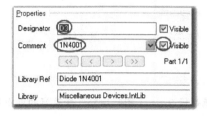

图4-1-49 D_3属性修改

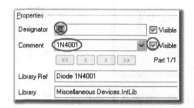

图4-1-50 D_4属性修改

所需元器件全部放置效果如图4-1-51所示。

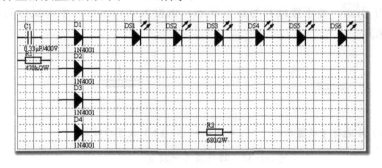

图4-1-51 所需元件全部放置效果图

对比原理图，整流二极管D_2、D_4和电阻R_2元件的方向不同，需调整。

（3）调整对象方向。

元件方向调整方法：将光标移动元件位置，对准元件按住鼠标左键不放，单击"Space"键，逆时针旋转90°；单击"X"键，水平方向对调；单击"Y"键，垂直方向对调。注意，调整元件方向时必须在英文输入状态下进行，此时不能激活中文输入法状态。

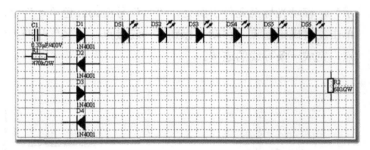

图4-1-52 元件调整效果

按照上述方法完成元件的放置（见图4-1-52）。

3）放置电源和接地符号

（1）放置电源符号。

单击电源放置工具 ，处于电源符号放置状态（见图4-1-53），按"Tab"键进入属性对话框，将电源符号类型"Bar"改为"Circle"，网络名称"VCC"改为"Vi+"（见图4-1-54），调整方向后放置（见图4-1-55）。

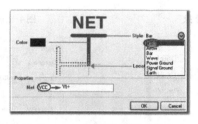
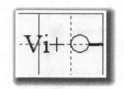

图4-1-53　电源放置状态　　图4-1-54　电源符号属性修改　　图4-1-55　修改好的电源符号

同样的方法，将另一电源符号改为"Vi-"并放置。

（2）放置接地符号

单击接地符号 ，处于接地符号放置状态，调整方向后放置。单击鼠标右键取消放置状态（见图4-1-56）。

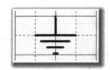

（a）接地符号放置状态　　　　　　（b）放置后效果

图4-1-56　接地符号的放置

4）放置导线

如图4-1-57所示，点击连线工具 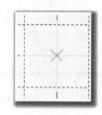，光标变为十字并带上"×"号（导线的电气点指示），移动光标至元件引脚处，"×"号变为红色"＊"字形，表明此处为有效的电气连接，单击左键确定起点，移动光标到下一连接点，"×"号变为红色"＊"字形，单击左键确定终点，完成一条导线的连接。

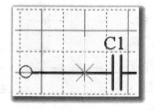
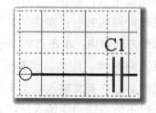

（a）导线放置状态　　（b）确定起点　　　（c）确定终点　　　　（d）完成连线

图4-1-57　导线放置

按同样的方法可完成所有导线的连接（在转折处单击左键）。完成的原理图如图4-1-58所示。

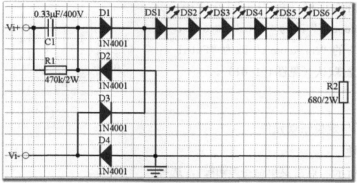

图4-1-58　完成连线的原理图

【操作提示】

取消捕获栅格的设置，调整各标号、参数、标注的位置，使布局更加合理。

五、原理图的检查及各种报表文件的生成

1. 电气规则检查（ERC）

电路绘制完成后，要进行电气规则检查（ERC）。电气规则检查是进行电路原理图设计过程中的重要步骤，可以发现一些不应该出现的断路、短路、未连接的输入端子等。

Protel 2004主要通过编译操作对电路原理图进行电气规则和电气连接特性等参数进行检查，并将检查后产生的错误信息在"Messages"工作面板中给出，同时在原理图中标注出来。用户可以根据需要进行设置。

操作步骤：

1）编译参数设置

点击菜单命令 Project，选择 Project Options... 命令（见图4-1-59）（快捷键：C+O），打开设置项目选项对话框 Options for PCB Project XYD.PRJPCB （见图4-1-60）。

图4-1-59　电气规则检查编译参数设置命令　　图4-1-60　电气规则检查参数编译对话框

选择电气连接矩阵 Connection Matrix 标签，进入电气连接矩阵对话框，将"Passive Pin 不连接"的"No Report"改为"Fatal Error"，将"Unconnected"的"No Report"改为"Fatal Error"，其他设置默认（见图4-1-61）。

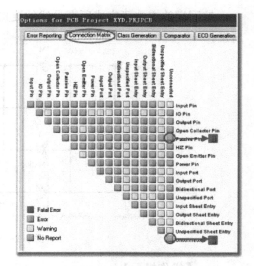

图4-1-61　电气连接矩阵设置

2）项目编译与定位错误元件

（1）项目编译

如图4-1-62所示，点击菜单命令 Project，选择项目编译 Compile PCB Project XYD.PR 命令（快捷键：C+C）。点击右下角"System"，选择"Messages"命令，打开"Messages"工作面板，如无，面板空白。

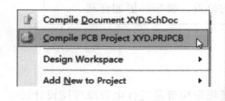

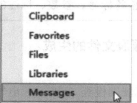

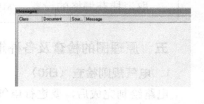

（a）菜单方式选择编译命令　　（b）打开"Messages"面板　（c）无错误的"Messages"面板显示

图4-1-62　项目编译过程

如有错误，"Messages"工作面板显示错误项，如图4-1-63（a）所示（将其中一条导线删除为例进行分析）。

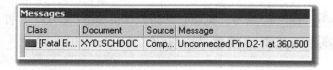

（a）"Messages"工作面板显示的错误项　　　　（b）显示具体错误元件名称及引脚

图4-1-63　项目编译过程错误项显示

（2）定位错误元件

错误信息包括了错误类型、错误来源和错误元件等内容。对准任一错误项双击，显示编译错误信息框 Compile Error，信息框中包括错误原因与之相连的导线、元件引脚，如图4-1-63（b）。对准信息框中的错误元件双击，系统过滤器过滤出相关的图件，高亮显示，其他部分变为暗色（见图4-1-64）。

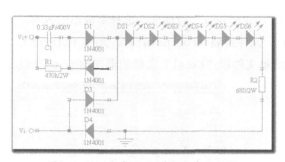

图4-1-64　高亮显示错误元件和位置

从图4-1-64中可看出，电路的错误是"VD$_2$的1脚未连线"。

取消过滤操作：单击图纸的任意位置或单击编辑窗口右下角的 Clea 按钮或单击工具栏的 按钮。

2．各种报表文件的生成

1）生成网络表文件（*.NET）

网络表是指电路原理图中元件引脚等电气点相互连接的关系列表。它的主要用途是为PCB制板提供元件信息和线路连接信息。同时可以与由PCB图生成的网络表进行比较，以检验制作是否正确。

操作方法：点击菜单 Design 命令，选择 Netlist For Project 命令下的 Protel 命令（见图4-1-65），生成网络表文件"XYD.NET"（见图4-1-66）。

图4-1-65　菜单方式生成网络表文件　　　图4-1-66　生成的网络表文件在工作面板和存储盘符中的显示

2）导出材料清单文件（*.xls）

材料清单也称为元件清单，主要报告项目中元器件的型号、数量等信息，可以用于采购等方面。

网络表文件的阅读：

网络表文件包括两部分：方括号内的是元件信息，小括号内的是网络信息，即元件的电气连接信息。

图4-1-67　创建材料清单命令

网络信息及与电路连接的对应关系：

操作方法：点击 Reports 命令，选择 Bill of Materials 命令（见图4-1-67），打

开"Bill of Materials For Project"对话框，选择需输出的内容：元件说明（Comment）、元件编号（Designator）、元件封装（Footprint）、元件（LibRef）、元件参数（Value）。点击 Excel... 按钮，则元件清单文件以"Excel"文档的形式输出（见图4-1-68）。

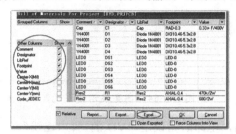

图4-1-68　选择需导出的项并以"Excel"形式输出

保存在项目文件所在文件夹系统自建的子文件夹 Project Outputs 中（见图4-1-69）。在相应的存储盘符打开元件清单文件，修改显示效果（见图4-1-70）。

图4-1-69　在存储盘符中的显示效果

元件清单表				
Designator	Comment	LibRef	Footprint	Value
C1	Cap	Cap	RAD-0.3	0.33μF/400V
D1	1N4001	Diode 1N4001	DIO10.46-5.3x2.8	
D2	1N4001	Diode 1N4001	DIO10.46-5.3x2.8	
D3	1N4001	Diode 1N4001	DIO10.46-5.3x2.8	
D4	1N4001	Diode 1N4001	DIO10.46-5.3x2.8	
DS1	LED0	LED0	LED-0	
DS2	LED0	LED0	LED-0	
DS3	LED0	LED0	LED-0	
DS4	LED0	LED0	LED-0	
DS5	LED0	LED0	LED-0	
DS6	LED0	LED0	LED-0	
R1	Res2	Res2	AXIAL-0.4	470k/2W
R2	Res2	Res2	AXIAL-0.4	680/2W

图4-1-70　以"Excel"形式的元件清单

【工作过程】

经过以上内容的讲解、演示，对用Protel DXP软件绘制原理图有了一定的认识，接下来按照原理图设计流程完成电子小夜灯电路原理图的抄画。

一、文件的建立及属性设置

1. 创建项目文件

新建XYD.PRJPCB的项目文件，并保存在桌面以班级序号姓名命名的文件夹中；

项目文件的后缀名为：＿＿＿＿＿＿＿＿＿＿＿＿＿＿＿＿＿＿。

2. 创建原理图文件

在XYD.PRJPCB中新建XYD.SCHDOC原理图文件。

原理图文件的后缀名为：＿＿＿＿＿＿＿＿＿＿＿＿＿＿＿＿＿＿。

原理图文件一定要保存在项目文件中：直接对准项目文件进行保存或保存原理图文件后再次对准项目文件保存。

3. 设置图纸属性

对XYD.SCHDOC文件，进行如下设置：取消标准标题栏并按下图格式绘制标题栏、填写相关内容（见图4-1-71）。

图4-1-71 标题栏

操作步骤：

（1）调整图纸属性：取消标准标题栏，图纸大小为A4、方向为横向、栅格为10个单位；为保证标题栏的准确绘制，抓捕栅格必须选定并设置为_____个单位。

（2）绘制标题栏。

标题栏必须绘制在图纸的_____（右下角、左下角、右上角、左上角）；采用_____工具画线（请画出工具图标）。

（3）输入文字。

文字放置后需调整位置，可先将抓捕栅格取消，调整完成后再重新选定。

二、原理图绘制

1. 读图

了解组成电路的元件类型、编号、标注、名称及在软件中所属的库并填写表4-1-2。

表4-1-2 元器件清单

元件类型和编号		元件标注	元件名称	所属元件库
涤纶电容C_1				
整流二极管$D_1 \sim D_4$				
发光二极管$DS_1 \sim DS_6$				
电阻	R_1			
	R_2			

2. 绘图

1）浏览和装载元件库

根据原理图中元件所属的元件库名称（本电路中所有元件均在分立元件库）将其加载；

操作步骤：①打开"Libraries"（元件库）工作面板；②加载元件库。

写出下列元件库名称及地址：

Miscellaneous Connectors.IntLib

Miscellaneous Devices.IntLib

_____   _____

2）放置元器件

找到原理图中各元件，修改属性并放置。

操作步骤：

①查找元件：根据填写的元件列表中元件的名称或电路图中元件符号查找；

②修改属性；

③调整方向。

调整方向的快捷键：逆时针旋转90°：＿＿＿＿＿＿＿＿；水平方向对调：＿＿＿＿＿＿＿＿；垂直方向对调：＿＿＿＿＿＿＿＿

3）放置电源和接地符号

按要求填写以下信息：

电源符号：＿＿＿＿＿＿＿＿＿＿；接地符号：＿＿＿＿＿＿＿＿＿＿；

整流二极管名称：＿＿＿＿＿＿＿＿＿；符号：＿＿＿＿＿＿＿＿＿＿；

发光二极管名称：＿＿＿＿＿＿＿＿＿；符号：＿＿＿＿＿＿＿＿＿＿；

固定电阻名称：＿＿＿＿＿＿＿＿＿＿；符号：＿＿＿＿＿＿＿＿＿＿；

涤纶电容名称：＿＿＿＿＿＿＿＿＿＿；符号：＿＿＿＿＿＿＿＿＿＿；

4）放置导线

导线放置工具：＿＿＿＿＿＿＿＿＿＿＿，当光标由"＿＿＿＿＿＿＿"号变为＿＿＿＿＿＿＿（填写颜色）"＿＿＿＿＿＿＿"字形，表明此处为有效的电气连接，可进行导线连接。

三、原理图的检查及各种报表文件的生成

1. 电气规则检查（ERC）

（1）进入编译参数设置对话框的快捷键：＿＿＿＿＿＿＿＿＿＿＿＿＿＿＿＿＿＿＿＿＿；选择电气连接矩阵Connection Matrix标签，将其中的"Passive Pin不连接"的错误报告程度改为＿＿＿＿＿＿＿＿＿；"Unconnected"的错误报告程度改为＿＿＿＿＿＿＿＿＿＿＿＿＿＿＿＿＿＿。（选择"No Report""Fatal Error""Error""Warning"任一填写）。

（2）取消过滤操作的方法：单击图纸的任意位置或单击编辑窗口右下角的＿＿＿＿＿＿＿按钮或单击工具栏的＿＿＿＿＿＿＿按钮。

2. 各种报表文件的生成

（1）生成网络表文件（*.NET），并列写网络表文件内容（见表4-1-3）。

表4-1-3　网络表文件信息

元件信息	网络信息

（2）导出材料清单文件（*.xls）。

任务二　电子小夜灯电路PCB图的绘制

【学习目标】

在工作页的指引下能完成电子小夜灯电路PCB板的绘制和工作页的填写。

【学习准备】

一、PCB设计流程

PCB设计流程如图4-2-1所示。

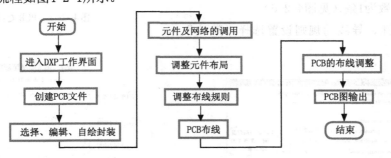

图4-2-1　PCB设计流程

二、绘制电子小夜灯电路PCB图

1. 创建PCB文件

利用PCB板向导在XYD.PRJPCB项目文件中生成PCB文件并命名为：XYD.PCBDOC；其中，板框直径为58 mm；显示栅格为100 mil。

操作步骤：

1）利用向导新建PCB文件

打开"Files"工作面板，选择  PCB Board Wizard... ，
按提示依次操作。

（1）单位选择：依据所给的板框大小，选择
公制（见图4-2-2）。

图4-2-2　PCB文件创建1

（2）板框与禁止布线层边框之间默认间隔1.3mm（见
图4-2-3）所以，板框的宽＝禁止布线层的宽+2.6mm；板框
的高＝禁止布线层的高+2.6mm。

（3）设计的是单层板（单面板）或双层板，信号层为
两层，内电层为0（见图4-2-4）。

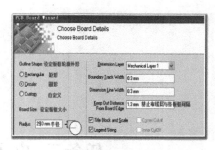

图4-2-3　PCB文件创建2

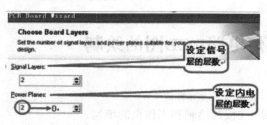

图4-2-4　PCB文件创建3

（4）选择过孔类型为通孔（见图4-2-5）。

（5）选择元件类型为插针式元件；焊盘间可
通过的导线条数为1条（见图4-2-6）。

（6）过孔、导线的规则设置选择"默认"
（见图4-2-7）。

图4-2-5　PCB文件创建4

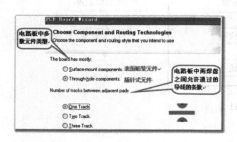

图4-2-6　PCB文件创建5

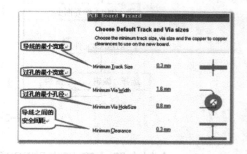

图4-2-7　PCB文件创建6

在"Projects"工作面板中新建了一PCB文件，用光标将其拖入项目文件中（见图4-2-8）。

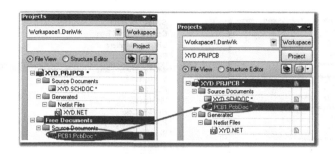

图4-2-8　PCB文件创建7

2）重命名、保存

对准项目文件名单击鼠标右键，在下拉菜单中选择 **Save Project**，打开"保存"对话框，选择存储地址、修改文件名称后保存（见图4-2-9）。

图4-2-9　PCB文件创建8

保存后在"Projects"工作面板和存储文件夹中的效果（见图4-2-10）。

2. 设置PCB编辑界面

打开XYD.PCBDOC文件，选择命令"Design"→"Board Options…"（见图4-2-11），进入编辑界面设置对话框，将捕捉网格改为25 mil，可视网格Grid1改为100 mil、Grid2改为1000 mil（见图4-2-12）。

XYD.PcbDoc　XYD.PRJPCB

图4-2-10　PCB文件创建9

图4-2-11　PCB编辑界面设置命令

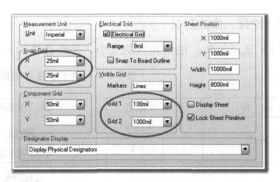

图4-2-12　PCB编辑界面设置

选择命令"Design"→"Board Layers & Colors…"（见图4-2-13），进入图层设置对话框，将"Visible Grid1"可选项勾上（见图4-2-14）。点击"OK"按钮退出对话框，按击键盘"Page Up"键，放大图纸的显示效果，直到双层网格均合适显示为止。

图4-2-13　PCB图层设置命令

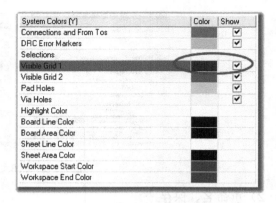

图4-2-14　PCB双层可视网格设置

选择命令"Edit"→"Origin"→"Set"（见图4-2-15），然后将光标移到板框的左下角，点击鼠标左键，确定PCB原点（见图4-2-16）。

图4-2-15　PCB原点设置命令

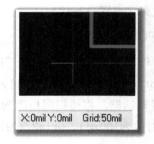

图4-2-16　PCB原点设置效果

3. 选择、修改封装

（1）选择封装：根据元件的大小、外形选择如表4-2-1所示封装。

表4-2-1　电子小夜灯电路元件封装表

元　件	型号或标值	图示或备注	封　装
电阻	470 kΩ/2 W 680 Ω/2 W	电阻功率2 W	AXIAL-0.7
涤纶电容	0.33 μF/400V		RAD-0.6
二极管	IN4001		DIODE-0.4

（续表）

元　件	型号或标值	图示或备注	封　装
发光二极管	蓝、绿、黄、红（φ5）		CAPPR2-5x6.8
单相插头	两插		两个焊盘代替

（2）修改封装。

①PCB编辑器中的封装修改。

所选封装中，LED、电阻的封装与元件库自带的封装不一致，需编辑修改。

操作步骤：（以发光二极管DS_1为例分析）

对准DS_1双击，进入元件属性对话框，其自带封装为"LED-1"（见图4-2-17），需改为：CAPPR2-5x6.8。

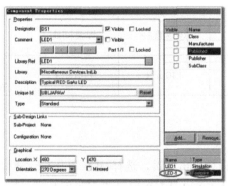

图4-2-17　DS1的属性对话框

修改封装：双击"Footprint"，打开封装模型对话框 **PCB Model**（见图4-2-18），封装库选择 ⊙Any，点击浏览按钮"Browse"，打开"Browse Libraries"对话框（见图4-2-19），点击下拉箭头后选择"Miscellaneous Devices.IntLib [Footprint View]"，在元件列表中选择 CAPPR2-5x6.8（见图4-2-20），按"OK"回到元件属性对话框，封装更改成功。

图4-2-18　封装模型对话框　　　　图4-2-19　选择元件封装库　　　　图4-2-20　选择元件封装

重复上述操作修改其他元件封装（见图4-2-21）。

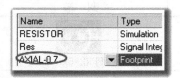

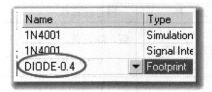

电阻封装 整流二极管封装

图4-2-21 其他元件封装修改

②自绘封装修改。

电路中C_1的个头大，PCB编辑器中没有匹配的封装，需根据其外形轮廓、大小自绘封装。可采用利用向导绘制或自定义绘制。本次任务以向导创建C_1封装为例分析利用向导自绘封装的方法和步骤。电容C_1封装参数见表4-2-2。

表4-2-2 电容C_1封装参数

参数 元件	焊盘孔径	焊盘直径	焊盘间距	外轮廓	封装名称
电容C_1	50 mil	140 mil	600 mil	长800 mil 宽400 mil	RAD-0.6

操作步骤：

A. 新建PCB元件库文件

在"Projects"面板空白处单击右键，选择 Add New to Project / PCB Library （见图4-2-22），项目中新建一封装元件库文件"PcbLib1.PcbLib"（见图4-2-23），对准项目文件单击鼠标右键选择"Save Projects"完成保存和重命名为"XYD.PcbLib"（见图4-2-24）。

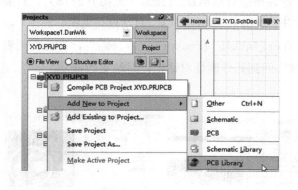

图4-2-22 快捷方式选择创建元件库文件　　　图4-2-23 新建元件库文件

图4-2-24　重命名并保存

B. 新建封装元件：点击菜单命令 `Tools`，选择 `New Component`（见图4-2-25），启动PCB元件封装生成向导对话框（见图4-2-26）。

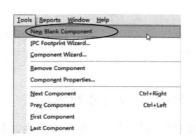 

图4-2-25　新建封装元件命令　　　　　图4-2-26　向导创建封装1

单击 `Next >` 按钮，进入选择元件封装类型对话框，选择 "Capacitors"，单位选择"mil"（见图4-2-27）。

图4-2-27　向导创建封装2　　　　　　图4-2-28　向导创建封装

单击 `Next >` 按钮，进入电容封装类型选择对话框，选择 "Through Hole"（见图4-2-28）；单击 `Next >` 按钮进入下一步，设定焊盘尺寸：孔径为50 mil、焊盘大小为140 mil（见图4-2-29）；单击 `Next >` 按钮进入下一步，设定焊盘间距：间距设为600 mil（见图4-2-30）。

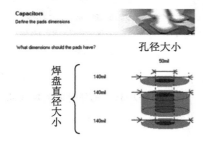 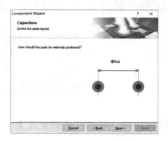

图4-2-29　向导创建封装4　　　　　　图4-2-30　向导创建封装5

单击 Next > 按钮进入下一步，设置电容的外形轮廓：无极性，风格为放射状，几何外形为矩形（见图4-2-31）。

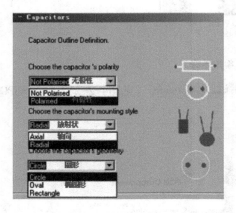

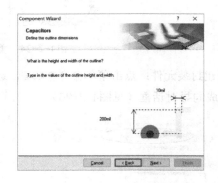

图4-2-31　向导创建封装6　　　　　　　　图4-2-32　向导创建封装7

单击 Next > 按钮进入下一步，设置轮廓距焊盘高度和丝印层线宽，设置高度为200 mil，丝印层线宽使用默认值（见图4-2-32）；单击 Next > 按钮进入下一步，设置封装的名称为RAD-0.6（见图4-2-33）；单击 Next > 按钮进入结束界面，完成电容封装的创建工作（见图4-2-34）。

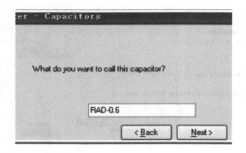

图4-2-33　向导创建封装8　　　　　　　　图4-2-34　向导创建封装9

结束创建工作，编辑窗口出现刚创建的封装，保存（见图4-2-35）。

回到原理图中更改电容C_1的封装（见图4-2-36）。

图4-2-35　元件封装创建效果

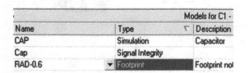

图4-2-36　电容C_1的封装设置

4. 装载元件和网络、调整布局

1）载入元件封装及网络

操作方法：

在原理图编辑界面下，点击"Design"→ `Update PCB Document XYD.PCBDOC`（D+U）；或在PCB图编辑界面下，点击"Design"→ `Import Changes From XYD.PRJPCB`（D+I）如图4-2-37所示，弹出更新PCB工程修改单（见图4-2-38）。

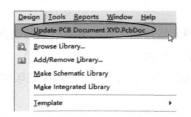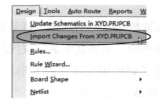

图4-2-37　载入元件封装和网络的菜单命令

单击 `Validate Changes` 验证修改是否可行，凡可修改项，在对应的"Check"项"√"，否则呈现"×"。再点击 `Execute Changes` 更新，若"Check"和"Done"有"×"项，则必须回到原理图编辑工作区修改，再重复上述操作，直到所有项都呈现"√"（见图4-2-39）。

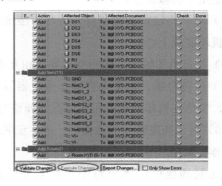

图4-2-38　更新PCB工程修改单　　　　图4-2-39　更新后的PCB工程修改单

关闭对话框，元件封装和网络已顺利加载到PCB编辑界面（见图4-2-40）。

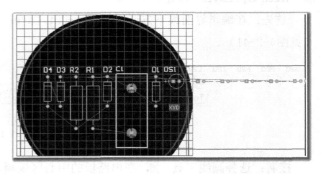

图4-2-40　加载元件封装和网络的PCB编辑界面

2）调整布局

电路布局尽量做到既符合电原理图的电气连接要求，又要考虑整齐美观，安装、加工和维护的方便，其基本原则如下。

（1）元器件在印制电路板上的布置均匀，密度一致。尽量做到横平竖直，不允许将元器件斜排和交叉重排。

（2）元器件之间要保持一定的距离。一般情况下元器件外壳或引线之间的安全间距不小于0.5mm。

（3）要考虑发热元器件的散热及热量对周围元器件的影响，必要时安装散热片。

（4）对于怕热的元器件其安装位置应尽可能地远离发热件。

（5）应清楚了解所用元器件的外形尺寸、引线方式，以确定元器件在印制电路板上的装配方式（立式、卧式、混合式）。

（6）元器件在印制电路板上有规则排列、不规则排列、坐标格排列三种排列方式，可根据电子产品的种类和性能要求进行选择：①规则排列：指元器件的轴线方向排列一致，并与印制电路板的边平行或垂直，一般应用于低频电路中（1MHz以下）；②不规则排列：比较适用于高频电路（30MHz以上）和音频电路；③坐标格排列：指元器件的引线插孔都在坐标格交点上，适用于机械化生产。

（7）对于比较重的元器件，应尽可能地放在靠近印制电路板固定端的边缘位置，或将其固定在机箱底板上。

（8）收音机的输入、输出变压器应相互垂直放置，磁性天线应远离扬声器。

（9）可调电感、可变电容器和电位器等可调节性元器件，要根据是机外调整或机内调整的需要，安排在机箱面板的相应位置或调整方便的位置上。

（10）对于高度较大的元器件，应尽量采用卧式安装。

操作步骤：

①绘制插座位：本电路中插座是安装在电路板的中央位置，方便后续的整机产品装配，因此需在电路板上预留插座位。插座位不能有铜膜，也不能有导线穿过，应在禁止布线层"Keep-Out Layer"画出该区域。

首先：在编辑界面最下方选择"Keep-Out Layer"标签，使编辑界面切换至禁止布线层（见图4-2-41）。

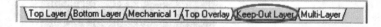

图4-2-41 选择"Keep-Out Layer"标签

接着：选择画线工具 ，在电路板的中心区域画出一个长、宽分别为27.9mm、14.3mm

的矩形区域（见图4-2-42）。

②调整焊盘大小：本电路采用PCB
手工制板，要求铜膜的宽度较宽，对应
焊盘也需调整。

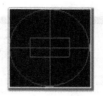

图4-2-42　在"Keep-Out Layer"层绘制矩形区域

操作方法：对准焊盘双击，进入焊盘属性对话框（见图4-2-43），按照表4-2-3的参数进行调整。

表4-2-3　元件焊盘大小调整表

焊盘参数/(mil)　　元件编号	焊盘孔径大小	焊盘大小	
		X	Y
$DS_1 \sim DS_6$	30	80	140
$D_1 \sim D_4$	50	110	110
R_1	30	140	140
R_2	30	140	90
C_1	50	140	140

③调整布局：将载入的元件封装按照布局调整原则
——放在相应区域，可参考布局（见图4-2-44）。

图4-2-43　焊盘属性对话框各项参数

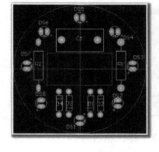

图4-2-44　布局参考图

④增加焊盘和标注：在相应位置增加两个焊盘并加标注，用以标示连接电源位置。

A.加焊盘：新增焊盘的属性及标注见表4-2-4。点击 ⊙（快捷键P+P），按"Tab"键进入
焊盘属性对话框（见图4-2-45），修改焊盘大小、编号、网络号等参数后放置在相应位置。第
二个焊盘的编号和网络号设置见图4-2-46。

表4-2-4　焊盘和标注

焊盘	编号	网络号	标注	焊盘孔径	焊盘大小
焊盘1	1	Vi+	Vi+	50 mil	140 mil
焊盘2	2	Vi-	Vi-	50 mil	140 mil

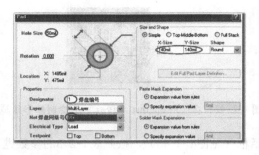

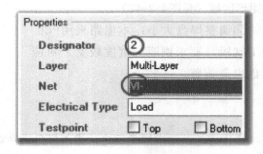

图4-2-45　增加的焊盘1参数设置　　　　图4-2-46　增加的焊盘2参数设置

B. 加标注：在PCB图中，文字、字符标注、元件外形轮廓等都放置在丝印层。先选层，点击编辑工作区界面下方的顶部丝印层标签"Top Overlay"（见图4-2-47），将板层切换为顶部丝印层。点击工具栏的文字放置按钮A，处于文字放置状态（见图4-2-48），按"Tab"键进入属性对话框，修改字符串内容、大小等内容（见图4-2-49），在相应位置放置（见图4-2-50）。

图4-2-47　编辑界面下方的工作层面标签　　　图4-2-48　标注放置状态

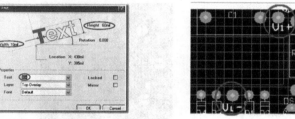

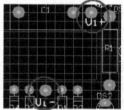

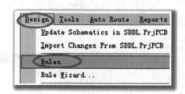

图4-2-49　标注属性对话框　　图4-2-50　增加焊盘和标注的效果图　　图4-2-51　布线规则设置命令

5. 设置规则

在这个电路中，所有信号线都要加宽到80～120mil（视设计而定）。

操作步骤：

1）设置安全间距

点击Design命令，下拉菜单中选择命令Rules.（见图4-2-51），弹出规则设置对话框（见图4-2-52）。

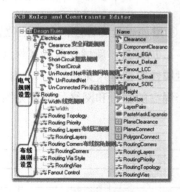

图4-2-52　PCB规则编辑器部分项功能

选择 ⊟ Electrical 下的 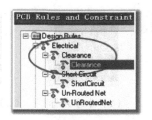Clearance 选项（见图4-2-53），单击进入安全间距规则设置，将导线与焊盘间的安全间距改为10 mil（见图4-2-54）。

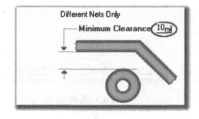

图4-2-53　安全间距设置命令　　　图4-2-54　安全间距设置

2）设置布线层

选择 ⊟ Routing 下的 Routing Layers 选项，取消顶层布线（见图4-2-55）。

3）设置线宽

选择 ⊟ Routing 下的 Width 选项，单击进入规则设置，所有信号线宽设置为80 mil（见图4-2-56）。

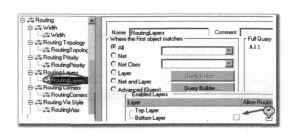

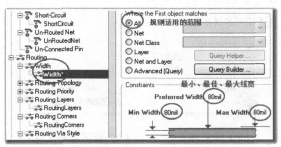

图4-2-55　布线层设置对话框　　　图4-2-56　线宽设置对话框功能及各参数

安全间距设计要求：有些元件封装载入后由于焊盘间距较小而呈高亮，需修改安全间距。

【提示】

　　如果电路中两点间电压超过200 V，每超过200 V，安全间距就增加40 mil；电流超过1 A，每安培安全间距增加40 mil。

6. 手工布线

1）焊盘与焊盘之间的直线连接

在编辑工作区下方选择底层 Bottom Layer，见图4-2-57（a），PCB编辑界面切换为底层。单击布线工具 （快捷键P+T），光标变为"十"字见图4-2-57（b），进入布线状态，移动光标到任一焊盘，出现八边形 后单击左键，确定起点见图4-2-57（c），移动至与它相连的焊盘并出现 后再次单击，确定终点见图4-2-57（d），完成一条铜膜导线的绘制。

（a）选择布线层　　　　（b）十字光标　　　（c）确定起点　　　（d）确定终点

图4-2-57　焊盘与焊盘间的直线连接

2）焊盘与焊盘之间的曲线连接

在实际连线中还有许多转折线，以图4-2-57（a）中两点的连接为例分析。单击布线工具 （快捷键P+T），进入布线状态，移动光标至任一焊盘，出现八边形 ，需与其相连的点此时呈现高亮状态，如图4-2-58（a）所示，单击左键确定起点见图4-2-58（a），移动光标经过转折位置时，会出现虚拟走线见图3-2-58（b），移动光标调整虚拟走线位置，合适后再单击左键确定转折点见图4-2-58（c），再次移动光标，根据虚拟走线确定后续转折点和终点见图4-2-58（d）。

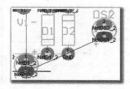
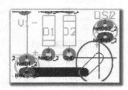
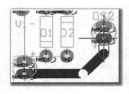
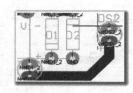

（a）确定起点　　　　（b）出现虚拟走线　　　（c）确定转折点　　　（d）确定终点

图4-2-58　焊盘与焊盘间的转折连线

根据布线方法手工完成电子小夜灯电路PCB板的布线。效果如图4-2-59所示。

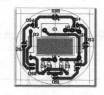

图4-2-59　布线参考图

合理布线是印制电路板设计的重要部分，一般布线应遵循如下要求。

①应用于高频电路中的印制导线以及信号的输入、输出印制导线应尽可能短。同时注意不同回路的信号线要尽量避免相互平行布线，应采用垂直或斜交布线；

②对于信号的输入线和输出线应尽量地远离并用地线将其隔开；对输入电路的印制导线应尽可能地缩短；

③印制导线的走线要平滑自然，导线转弯要缓慢，避免出现尖角；导线通过两个焊盘之间而不与它们相连时，应与焊盘保持相等的距离；

④印制电路板的公共地线应布置在印制板的边缘并保有一定距离；

⑤印制导线应避免长距离平行走线。

【工作过程】

经过上述内容的学习，对PCB设计的基本概念、基本操作有了一定的认识，接下来根据学习准备内容，依照以下提示完成电子小夜灯电路PCB图的设计与绘制。

一、PCB设计基础

（1）印制电路板也称印制板，即＿＿＿＿＿＿。印制板是通过一定的制作工艺，在绝缘度非常高的基材上覆盖一层导电性能良好的＿＿＿＿＿＿构成＿＿＿＿＿＿，然后根据具体PCB图的要求，在覆铜板上蚀刻出PCB图上的＿＿＿＿＿，并钻出印制板＿＿＿＿＿孔及＿＿＿＿＿和＿＿＿＿＿＿＿。

（2）PCB板根据电路板的结构不同分为：＿＿＿＿＿＿＿＿＿、＿＿＿＿＿＿＿＿＿、＿＿＿＿＿＿＿＿。

（3）PCB板常用的工作层面有：＿＿＿＿＿＿＿＿（Signal Layers）、＿＿＿＿＿＿＿＿（Internal Planes）、＿＿＿＿＿＿＿（Mechanical Layers）、＿＿＿＿＿＿＿（Mask Layers）、＿＿＿＿＿＿＿（Silkscreen Layers)和其他工作层面，如＿＿＿＿＿＿（Keep- out Layer）、＿＿＿＿＿＿＿＿（Multi-Layer）。

（4）①元件封装是指实际的电子元器件焊接到电路板时所指示的＿＿＿＿＿＿＿和＿＿＿＿＿＿。

②以下封装名称所代表的含义分别是：

AXIAL-0.4：＿＿＿＿＿＿＿＿＿＿＿；DIP-40：＿＿＿＿＿＿＿＿＿＿＿；RB.2/.4：＿＿＿＿＿＿＿＿＿；RAD-0.1：＿＿＿＿＿＿＿＿＿＿＿；DIODE-0.4：＿＿＿＿＿＿＿＿＿＿＿。

③填写表4-2-5：

表4-2-5　常用分立元件封装表

元件类型	元件封装	元件类型	元件封装
有极性电容		二极管	
无极性电容		晶体三极管	
固定电阻		双列直插式元件	
可变电阻		单列直插式元件	

二、绘制电子小夜灯电路PCB图

1. 创建PCB文件

利用PCB板向导在XYD. PRJPCB项目文件中生成PCB文件并命名为：XYD. PCBDOC；其中，板框：直径为58 mm；显示栅格为100 mil。

操作步骤：

（1）利用向导新建PCB文件。设置板框大小时，注意分清给定的是物理边界大小还是电气边界的大小。

（2）重命名、保存。PCB文件后缀名为＿＿＿＿。保存文件时，应对＿＿＿＿（项目文件、PCB文件、SCH文件）进行操作，PCB文件和SCH文件需存储在＿＿＿＿＿＿（同一、不同）项目中，名称一致，后缀名不同。

2. 选择、编辑、自绘封装

（1）选择：根据元件的实际大小和外形，选择合适的封装并填写表4-2-6。

表4-2-6　封装记录

元件类型和编号	元件封装名称	元件类型和编号	元件封装名称
发光二极管$DS_1\sim DS_8$		电阻R_1、R_2	
涤纶电容C_1		整流二极管$VD_1\sim VD_4$	

（2）封装修改

①已有封装类型的修改

操作步骤：打开元件属性对话框，打开元件封装选择对话框；选择所需的封装库及封装；修改完成，回到原理图中。

②向导自绘元件封装

操作步骤：①新建PCB元件库文件；②新建封装元件，按表4-2-7参数进行封装绘制。

表4-2-7　电容C1封装参数表

参数＼元件	焊盘孔径	焊盘直径	焊盘间距	外轮廓	封装名称
电容C_1	50 mil	140 mil	600 mil	长800 mil　宽400 mil	RAD-0.6

3. 装载元件和网络、调整布局

操作步骤：

1）载入元件封装及网络

执行命令，弹出更新PCB工程修改单，完成更新，实现装载元件封装和网络；

在SCH编辑界面下，装载命令为：＿＿＿＿＿＿＿＿＿＿＿＿＿＿＿＿＿＿＿＿＿；

在PCB编辑界面下，装载命令为：＿＿＿＿＿＿＿＿＿＿＿＿＿＿＿＿＿＿＿＿＿＿＿。

必须确认所有项都通过验证、更新，否则需回到原理图中进行修改。当所有元件呈现高亮时需找到"Room"框并删除。

常见的装载错误：

①元件封装名称出错或选择错误；

②元件库未添加；

③元件引脚名称和封装引脚名称不一致

2）调整布局

①绘制插座位：在电路板的中心区域画出一个长、宽分别为27.9 mm、14.3 mm的矩形区域用于放置插头。

②调整焊盘大小。

操作方法：对准焊盘双击，进入焊盘属性对话框，按照表4-2-8的参数进行调整。

表4-2-8　元件焊盘大小调整表　　　　　（单位：mil）

焊盘参数 元件编号	焊盘孔径大小	焊盘大小	
		X	Y
DS1～DS8	30	80	140
D1～D4	50	110	110
R_1	30	140	140
R_2	30	140	90
C_1	50	140	140

③调整布局：将载入的元件封装按照布局调整原则一一放在相应区域。

注意，将光标移动需移动的元件处，对准元件按住左键可移动元件到任何位置。

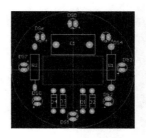

图4-2-60　调整布局图

④增加焊盘和标注：如表4-2-9所示，在相应位置增加两个焊盘并加标注，用以标示连接电源位置。

表4-2-9　焊盘和标注

	编号	网络号	标注	焊盘孔径	焊盘大小
焊盘1	1	Vi+	Vi+	50 mil	140 mil
焊盘2	2	Vi-	Vi-	50 mil	140 mil

添加焊盘的工具符号为_____；焊盘添加后须修改网络号。

标注必须加在_____层，工具符号为_____。

4. 设置规则

所有信号线加宽为80 mil。

（1）有些元件封装载入后由于焊盘间距较小而呈高亮，需修改安全间距。另外，如果电路中两点间电压超过____V，每超过____V，安全间距就增加____mil；电流超过____A，每安培安全间距增加____mil。

（2）印制电路板的电源线和地线应根据印制板的大小尽量选用宽一些的印制导线，一般

—143—

可选用60～80 mil，也可放宽至160～200 mil，甚至更宽。

（3）进入规则设置对话框的其他操作方式：

①菜单命令 Auto Route / All...，进入对话框点按钮；②快捷键：＿＿＿＿＿＿＿＿＿ 。

5. 手工布线

（1）单层板底层布线，布线前先选好层。

（2）布线完成后要检查布线效果，删除多余连线。

请写出下列图标所代表的文件类型及其后缀名。

＿＿＿＿＿＿＿＿＿＿＿＿   ＿＿＿＿＿＿＿＿＿＿＿＿   ＿＿＿＿＿＿＿＿＿＿＿＿

任务三　电子小夜灯电路的装配与调试

【学习目标】

能完成手工制板、产品装配和调试，实现功能；能按照工作页列写的测量点完成数据测试并填表。

【学习准备】

一、手工制作印制电路板基本流程

手工制板的基本流程如图4-3-1所示。

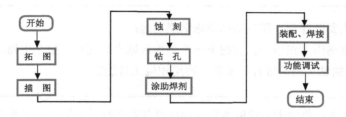

图4-3-1　手工制板基本流程

二、手工制板

1. 拓图

如图4-3-2所示，按照实际尺寸将绘制完成的PCB图（底板图）复写在敷铜板的铜膜面上。

注意，敷铜板边缘与电路板边框对齐。

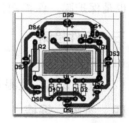

图4-3-2　电子小夜灯电路PCB图

2. 描图

为能把敷铜板上需要的部分保留下来，须涂防腐蚀层予以保护。用油漆将保留区域涂满油漆：导线用一定宽度的单线，焊盘用圆点。

（1）上图中黑色部分就是需要保留的铜膜，即实际的导线。

（2）油漆要够宽够厚，焊盘位置要突出。

（3）修板：待油漆干后，按照PCB图对其进行适当地修整。避免短路、断路等情况；油漆线应尽量直、宽、厚；地线、电源线应尽量宽。

3. 蚀刻

将要蚀刻的印刷电路板浸没在三氯化铁溶液（1份药品配2份水）中，未涂上保护漆的那部分铜膜逐渐腐蚀掉。

（1）腐蚀操作时，要注意掌握时间。一般新配制溶液室温下约10 min就能完成，旧液需时较长，若超过2 h或溶液变绿色，需更换溶液。

（2）尽量避免溶液洒落在桌面、衣服和皮肤上。

4. 清洗和钻孔、去膜、打磨、涂助焊剂

清洗：腐蚀好的印刷电路板应立即取出用清水冲洗干净，若清洗时间不够，会使底板变黄。

去膜：一般用热水浸泡后可将油漆除去（也可用小刀将油漆刮掉），残余的用天那水清洗干净，然后晾干。

钻孔：选择合适的钻头按电路图要求的位置打孔；孔的直径一般取1 mm。

【提示】

（1）钻头要磨锋利，避免钻孔边缘铜膜翘起；

（2）本电路中需在中心位置挖出一个矩形区域安装插头、整个电路板是圆形的，可用1 mm的钻头沿区域打一圈孔，再用相应工具加工。

打磨、涂助焊剂：将除去油漆的敷铜板用砂纸打磨光亮后立即涂一层松香酒精溶剂（酒精、松香粉末重量比为3:1）。待酒精挥发后，电路板上就均匀地留下一层松香膜，既是助焊剂，也是保护膜，保护铜膜不被空气氧化。

三、元件检测

（1）清点元件。

（2）元件识别、检测并填表：对照元件表检查元件种类和数量，并填写检测表。

四、装配、焊接

回顾前面所学习的电路装配流程：

（1）元件试安装。

（2）安装和焊接。

（3）整机装配。

本电路的整机装配过程如下：

①修整电路板的边缘或调整位于电路板边缘的元件，使电路板恰好能够放得进事前准备的外包装中；

②在外包装盖子与插头电极对应位置上开两条细槽，使插头电极恰好穿过；

③将电路板放入外包装盖子，插头电极穿出外面，然后旋上外包装。一个手工制作的小夜灯便制作完毕。

五、电路调试

回顾前面学习的电路调试方法，依次进行：

（1）电路板的全局检查；

（2）接通电源；

（3）若出现故障应通过各种方法排除并最终实现功能。

六、电路测试与原理分析

1. 原理分析

这是一个简易的电子小夜灯电路，电阻R_1与电容C_1并联后与二极管串联，起降压作用；再经四个二极管组成的桥式整流电路进行整流，转换为直流电，送给串联的多个LED，使其发光。电阻R_2保护LED不被击穿。

2. 元件功能

根据电路原理图及原理分析，列写元件清单、元件功能（见表4-3-1）。

表4-3-1　电子小夜灯电路元件清单

元　件	型号、参数	个　数	功能
电容C_1	0.33 μF/400V	1	降压
电阻R_1	470 kΩ/2W	1	与C_1并联，实现阻抗分压
二极管VD_1～VD_4	1N4001	4	构成桥式整流电路，实现整流
发光二极管DS_1～DS_8	Ø5或Ø3	6	发光，实现照明
电阻R_2	680Ω/2W	1	分压、限流
插座		1	

3. 电路测试

电子小夜灯测试电路如图4-3-3所示。

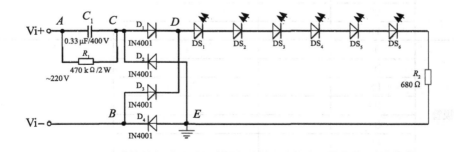

图4-3-3　电子小夜灯电路测试

（1）使用合适的工具测试各点参数并填表；

（2）用示波器测量以下 *AB*、*CE*、*DE* 各点的波形并在表中画出波形，标注参数。

【工作过程】

一、制板

按原理图制作电路板。

二、元件检测

1．清点元件

根据任务一中填写的元件清单准确清点和检查全套装配材料数量。

2．元件识别和检测

对表4-3-2所给元器件进行识别与检测并记录。

表4-3-2　元件检测表

元器件	识别及检测内容			好坏判定
电阻器2个	标号	色环	标称值(含误差)	
	R_1			
	R_2			
涤纶电容	标号	数码标志	容量值(μF)/耐压值 (V)	
	C_1			
插头	画出插头俯视图			
整流二极管	标号	正向阻值	反向阻值	
	VD_1			
	VD_2			
	VD_3			
	VD_4			
发光二极管	DS_1			
	DS_2			
	DS_3			
	DS_4			
	DS_5			
	DS_6			
	DS_7			
	DS_8			

三、装配流程

1．元件试安装

本电路试安装时要留意2个方面：

（1）电阻R_1和R_2＿＿＿＿＿＿＿（可以、不可以）调换；

（2）二极管、发光二极管具有极性，其管脚＿＿＿＿＿＿＿（可以、不可以）弄反正、负极。

2．安装和焊接

本电路安装焊接可参考以下次序：①安装焊接＿＿＿＿＿＿；②安装焊接＿＿＿＿＿＿；③安装焊接＿＿＿＿＿＿；④安装焊接＿＿＿＿＿＿。

3．整机装配

按要求装配。

四、电路调试

插好电源，进行调试，观察它是否能实现功能：发光二极管被点亮。

问题：在调试过程中，能否第一次调试就成功实现电路功能？

□第一次调试电路就成功实现功能　　　　　　□第一次调试电路不能实现功能

（1）若你是属于第一次调试就成功的，请谈谈你认为你能成功的原因。

＿＿。

（2）若你第一次调试不能实现功能，请检查电路故障，记录相关故障现象，分析故障原因，并进行检修，排除故障，最后实现电路功能。

电路出现的故障现象有：

＿＿。

电路故障发生的原因是：

＿＿。

电路故障的发现和故障原因的分析是你独立完成的，还是在同学帮忙下完成，还是在老师的指引下完成的？

□自己独立完成　　　　□同学帮忙完成　　　　□老师指导完成

你是如何排除电路故障的呢？将你的解决方法记录下来。

＿＿。

五、原理分析与电路测试

1．理论知识

（1）什么是整流？

（2）桥式整流电路中整流二极管的作用是什么？请画出整流二极管的桥式连接？

（3）电容在电路中的作用是什么？请写出它的参数。

2. 请手绘电路原理图

3. 原理分析

（1）简述电路工作过程。

（2）将元件信息填入表4-3-3中。

表4-3-3　元件信息记录表

元　件	型号、参数	个　数	功　能
电容C_1			
电阻R_1			
二极管$VD_1 \sim VD_4$			
发光二极管$DS_1 \sim DS_8$			
电阻R_2			
插头			

4. 电路测试

（1）测试电路相关位置的电压参数，并填入表4-3-4。

表4-3-4　电压参数

工具及数值　测试点	两点间的电压		
	电压值	测量工具	所选量程
A、B			
C、E			
D、E			

（2）使用示波器测量电路相关位置的电压波形并画在图4-3-4上。

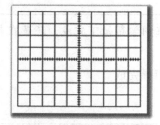　　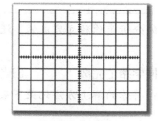　　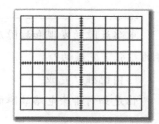

（a）A、B两点的波形　　　　（b）C、E两点的波形　　　　（c）D、E两点的波形

图4-3-4　电压波形记录

波形发生电路的装配与测试

项目五

知识目标

（1）能从外观上认识贴片元件，通过电路掌握基本元器件的作用；

（2）进行贴片元件焊接练习，学会焊接不同类型的贴片元件；

（3）能根据波形发生电路的设计图进行电路板的装配，完成波形电路的调试，学会使用仪器测试波形发生电路的各个参数，能归纳测试结果；

（4）学会编制标准作业指导书；

（5）学会阅读工作指引，能按照工作指引自主完成任务，养成自主学习的好习惯；

（6）学会资源共享、互帮互助，发挥小组成员的优势共同完成任务，培养团队合作的精神。

任务分解

（1）完成贴片元件焊接练习；

（2）了解波形发生电路的原理图和基本工作原理，识别组成电路的基本元件，了解工业制板的概念，完成整机产品装配与调试；

（3）完成标准作业指导书的编制。

任务一 贴片焊接技术技能训练

【学习目标】

（1）认识贴片元件的各种封装形式；

（2）学会常用贴片元件的识别方法，学会常用贴片元件的焊接方法；

（3）学会贴片集成电路以及其他贴片元件的焊接方法。

【学习准备】

一、贴片焊接技术

表面贴装技术（SMT）是现代电子行业中一门主流的工业技术，它的兴起及迅猛发展是电子组装业的一次革命，它使电子组装变得越来越快速和简单，随之而来的是各种电子产品更新换代越来越快，集成度越来越高，价格越来越便宜，性能也越来越强。

图5-1-1是应用了表面贴装技术的电子产品。

图5-1-1 应用表面贴装技术的电子产品

表面贴装技术是指利用表面安装元器件，以表面焊接的方式组成新的电子电路系统。表面贴装技术的核心就是贴片元件的焊接。

各种贴片电阻如图5-1-2所示。使用贴片元件有以下优点：

（1）贴片元器件体积小，占用PCB版面少，可有效提高电路板的装配密度，从而缩小设备体积，尤其便于便携式手持设备；

图5-1-2 各种贴片电阻

（2）相对于针脚式元件，贴片元件更容易拆卸；

（3）贴片元件能提高电路稳定性和可靠性，尤其是电路的高频性能大大加强；

（4）贴片元件的焊接尤其适合自动化焊接设备加工，可提高生产效率，降低生产成本。

二、常见贴片元件及封装形式

1. 贴片电阻

贴片电阻是最为常用的贴片元件。其外形如图5-1-3所示。

1）贴片电阻的封装

贴片电阻常见封装有9种，用两种尺寸代码来表示。一种尺寸代码是由4位数字表示的EIA（美国电子工业协会）代码，前两位与后两位分别表示电阻的长与宽，以英寸为单位。我们常说的0805封装就是指英制代码。另一种是公制代码，也由4位数字表示，其单位为毫米。表5-1-1列出贴片电阻封装英制和公制的关系及详细的尺寸。

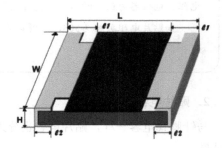

图5-1-3 贴片电阻外形

表5-1-1 贴片电阻封装详细尺寸列表

英制代码	公制代码	长(L)/mm	宽(W)/mm	高(H)/mm	常规功率/W	最大工作电压/V
0201	0603	0.60±0.05	0.30±0.05	0.23±0.05	1/20	25
0402	1005	1.00±0.10	0.50±0.10	0.30±0.10	1/16	50
0603	1608	1.60±0.15	0.80±0.15	0.40±0.10	1/16	50
0805	2012	2.00±0.20	1.25±0.15	0.50±0.10	1/10	150
1206	3216	3.20±0.20	1.60±0.15	0.55±0.10	1/8	200
1210	3225	3.20±0.20	2.50±0.20	0.55±0.10	1/4	200
1812	4832	4.50±0.20	3.20±0.20	0.55±0.10	1/2	200
2010	5025	5.00±0.20	2.50±0.20	0.55±0.10	1/2	200
2512	6432	6.40±0.20	3.20±0.20	0.55±0.10	1	200

生产中最常见的贴片电阻为0805、0603两种封装，便携式设备中0402封装形式也较为多见。

2）贴片电阻数字标注法

表示贴片电阻标称值一般使用数标法，数标法有两种，一种是使用3个数字表示，另一种是用4个数字表示。

3个数字标注的贴片电阻精度为5%，前两位表示有效数字，第三位数字为10的幂。

如103（见图5-1-4）读为$10×10^3=10000\ \Omega=10\ k\Omega$。

图5-1-4 3数字标注举例

图5-1-5 4数字标注举例

4个数字标注的贴片电阻精度为1%，前三位表示有效数字，第四位数字为10的幂。

如5101（见图5-1-3）读为$510×10^1$=5100Ω=5.1kΩ。

【数标法读法技巧】

　　电子元件（不仅仅限于贴片电阻）使用数标法进行标注很常见。数标法的读法就是前面的数字照读，最后的数字是多少，就往后面添加多少个0，单位要视乎元件类型而定，比如电阻、电位器为Ω（欧姆），瓷片电容为pF（皮法）等。

　　如贴片电阻数标为503，　解读为50—0-0-0=50000Ω=50kΩ
　　　　　　　　　　　　　　　　　　　3个0

2. 贴片电容

与针脚式电容一样，贴片电容也分为无极性和有极性两类。图5-1-6为无极性贴片电容封装外形。

图5-1-6　常用无极性贴片电容外形

无极性贴片电容的封装类型与贴片电阻的封装几乎一样，同样是0805、0603两种封装最为常见。

无极性贴片电容表面一般为黄灰色，与贴片电阻不同，普通贴片电容上并没有标注，使用前应先了解其电容量大小，否则必须使用电容表测量其电容值。

一般来说，若没有特别指明，贴片电容就是指无极性贴片电容。

贴片铝电解电容是一种常见的有极性贴片电容，其封装外形如图5-1-7所示。

图5-1-7　常用贴片电解电容外形

贴片铝电解电容上已经直接标注电容量和耐压值了，直接读取便可。需要注意的是电容量的单位为μF（微法），耐压值的单位为V（伏）。

贴片铝电解电容具有极性，故需判别其正负极，一般来说主体上有特殊标识的一端对应的引脚为负极。如上图几个贴片电解电容，标黑的部分对应的引脚是负极，另一引脚是正极。

3. 贴片二极管

贴片二极管常见封装外形如图5-1-8、图5-1-9所示。

图5-1-8 开关型贴片二极管（封装：1206） 图5-1-9 整流型贴片二极管（封装：DO-214）

贴片二极管极性识别：主体上有特殊标识的一端对应的引脚为负极，另一端为正极。

4. 贴片发光二极管

贴片发光二极管常见封装外形如图5-1-10所示。

图5-1-10 贴片发光二极管

贴片发光二极管极性识别：主体上有特殊标识的一端对应的引脚为负极，另一端为正极。

5. 贴片三极管

贴片三极管封装种类很多，常见封装主要有两种：SOT23和SOT89，如图5-1-11、图5-1-12所示。

1为基极（b）；
2为发射极（e）；
3为集电极（c）

图5-1-11 SOT23封装三极管

1为基极（b）；
2为集电极（c）；
3为发射极（e）

图5-1-12 SOT89封装三极管

6. 贴片集成电路（贴片IC）

现代电子产品几乎都要用到贴片集成电路，贴片集成电路种类非常多，其封装形式也非常多，从传统的SOP封装到新型的BGA封装，各种贴片集成电路的封装形式超过上百种。以下是贴片IC几种常见的封装形式。

1）SOP封装（小外形封装）

SOP(Small outline Package)：元件本体两边有脚，脚向外张开（一般称为鸥翼型引脚），如图5-1-13所示。

图5-1-13　SOP封装

SOP 是普及最广的表面贴装封装。引脚中心距1.27 mm，引脚数从8～44。按"类型+引脚数"的格式可确定IC的具体封装形式，如SOP-14、SOP-28等。

一般情况下，当SOP封装的引脚数小于20时，元件本体的宽度为4.5 mm，两侧引脚最宽距离为6 mm；当SOP封装的引脚数大于20时，元件本体的宽度为7.5 mm，两侧引脚最宽距离为10.5 mm，后者有时也被称为宽体SOP封装。图5-1-14为SOP-14与SOP-28的尺寸区别。

SOP-14封装尺寸：

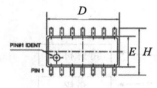

E=4.5 mm，H=6 mm

SOP-28封装尺寸：

E=7.5 mm，H=10.5 mm

图5-1-14　SOP-14与SOP-20的尺寸区别

对于SOP-20，上述两种宽度规格的SOP封装都存在。

2）SSOP封装（缩小型SOP封装）

SSOP封装（见图5-1-15）是SOP封装的一种派生形态，称为缩小型SOP封装，与SOP封装的主要区别在于SSOP封装的引脚间距小于1.27 mm，一般为0.8 mm。

图5-1-15　SSOP封装

3）PLCC封装

PLCC(Plastic Leadless Chip Carrier，见图5-1-16)意为有引线塑料芯片载体，元件四边有引脚，引脚向零件底部弯曲。PLCC封装的引脚中心距1.27 mm，引脚数从18到84。根据引脚数目，可确确定出PLCC封装的具体封装形式，如PLCC-32、PLCC-44等。

图5-1-16　PLCC封装

PLCC封装IC在装配时有两种方法，除了直接焊接在电路板上外，有时也可以插装在插座上，不用直接焊接，以方便拔插。图5-1-17为PLCC封装的插座及安装效果。

图5-1-17　PLCC封装插座及安装效果

图5-1-18　QFP封装

4）QFP封装（方型扁平式封装）

QFP(quad flat package)：元件四边有引脚，引脚从四个侧面引出呈海鸥翼(L)型（见图5-1-18）。

QFP是最普及的多引脚大规模集成电路封装。常用于微处理器、门阵列等数字逻辑电路，以及频谱信号处理、音响信号处理等模拟超大规模集成电路。引脚中心距有1.0 mm、0.8 mm、0.65 mm、0.5 mm、0.4 mm、0.3 mm 等多种规格。0.65 mm 中心距规格中最多引脚数为304。

根据引脚数目，可确定出QFP封装的具体封装形式，如QFP-44、QFP-100等。

5）BGA封装（球形栅格阵列封装）

BGA(ball grid array)引脚端子以圆形或柱状焊点按阵列形式分布在封装下面（图5-1-19）。

图5-1-19 BGA封装

BGA技术的出现是IC器件从四边引线封装到阵列焊点封装的一大进步，它实现了器件更小、引线更多，具有优良的电性能和超过常规组装技术的性能优势。这些性能优势包括高密度的I/O接口、良好的热耗散性能，以及能够使小型元器件具有较高的时钟频率。不过，BGA封装的焊接与拆卸比较困难，必须依靠专用的设备才能完成，如图5-1-20所示。

图5-1-20 BGA返修

【贴片IC引脚排列的判断技巧】

贴片IC类元件一般是在元件面的一个角标注一个向下凹的小圆点，或在一端标示一小缺口来表示1号引脚，其他引脚以逆时针方向依次排列。图为SOP-8封装，引脚编号排列如图5-1-20a所示。

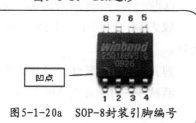

图5-1-20a SOP-8封装引脚编号

三、贴片元件手工焊接方法

1. 贴片焊接工具

与焊接针脚式元件一样，贴片元件的焊接同样需要电烙铁、镊子等装配基本工具，也需要助焊剂、焊锡等焊接基本材料。不过，根据贴片元件的特点，焊接贴片元件时还是要配备一些新的工具。

（1）恒温电烙铁如图5-1-21所示。

与DIP等针脚式封装IC是插在IC座上不同，贴片IC都是直接焊接在电路板上，因此电烙铁烙铁头的温度是一个很关键的因素，使用恒温电烙铁可以很好地控制电烙铁温度，使之可在焊接贴片IC时调节出一个合适的焊接温度。

图5-1-21　恒温电烙铁

（2）鹰嘴镊子（弯镊子）如图5-1-22所示。

鹰嘴镊子的前端呈弯曲状，非常适合拾取体积细小的贴片元件。另外需要指出的是，为了在装配时保护好元件，最好选用防静电镊子。

图5-1-22　鹰嘴镊子

（3）吸锡线如图5-1-23所示。

焊接贴片元件时，很容易出现上锡过多的情况，特别是在焊接密集多管脚贴片IC时，很容易导致相邻的两脚甚至更多管脚被焊锡短路，对这种情况，使用传统的吸锡器是很难处理的，这时需要用到编织的吸锡线。

图5-1-23　吸锡线

（4）热风枪如图5-1-24所示。

热风枪是利用其枪芯吹出的热风对元件进行焊接与拆卸的工具。热风枪使用的工艺要求相对较高，使用在不同场合时，应将热风枪的温度和风量按要求设置好。对于手工焊接，一般来说，密集多管脚的贴片IC，可以使用热风枪进行焊接与拆卸（尤其多用于贴片IC的拆卸），而普通的贴片焊接，可以不使用热风枪。

图5-1-24　热风枪

（5）其他贴片焊接辅助工具如图5-1-25所示。

PCB板卡具——用于固定PCB板。

放大镜——用于查看细小的元件，检查密集引脚间的焊接情况。若放大镜带台灯效果更好。

剪刀——贴片元件一般都是呈带状包装，可用剪刀剪取所需数量。

酒精——用于将电路板上多余的助焊剂擦拭干净。

（a）PCB板卡具 　　　　（b）放大镜 　　　　（c）剪刀　　　　（d）酒精

图5-1-25　其他贴片焊接辅助工具

2. 贴片焊接准备工作

（1）准备好焊接工具、焊接辅助材料和焊接元件。

（2）清洁和固定PCB板。

在焊接前应对要装配的PCB板进行检查，确保其干净。对其上面的油性手印以及氧化物之类的要清除干净，从而不影响上锡。条件允许的话，用卡具将PCB板固定。

3. 贴片电阻焊接方法

（1）在PCB板对应的电阻封装上，用电烙铁加热其中一个焊盘，并上锡，如图5-1-26所示。

图5-1-26　贴片电阻焊接

（2）用镊子拾起电阻，同时用电烙铁加热已经上锡的焊盘，并马上将贴片电阻放上去，如图5-1-27所示。

（3）待贴片元件固定后，将另外一边焊好，如图5-1-28所示。

图5-1-27　贴片电阻焊接　　　　　图5-1-28　贴片电阻焊接

（4）按上述方法依次将其他贴片电阻焊接完毕。效果如图5-1-29所示。

由图可知，贴片电阻装配应居中于PCB封装上，且其印字方向应一致。

图5-1-29　贴片电阻焊接

4. 其他分立贴片元件焊接方法

其他分立元件焊接方法可参照贴片电阻的焊接方法。图5-1-30和图5-1-31是部分元件的焊接效果。

图5-1-30　贴片二极管焊接

图5-1-31　贴片三极管焊接

5. 贴片IC焊接方法

1）贴片IC点焊法

对于引脚间距为1.27 mm的SOP和PLCC封装的集成电路，可采用点焊法进行焊接。

以下是SOP-16贴片IC的焊接方法。

（1）准备好电路板，用电烙铁加热其中第1个焊盘，并上锡，如图5-1-32所示。

图5-1-32　贴片IC,点焊①

（2）用镊子拾起IC，同时用电烙铁加热已经上锡的焊盘，马上将贴片IC放上去。并调整好元件位置，使其各个引脚均对准相应焊盘，如图5-1-33所示。

图5-1-33　贴片IC,点焊②　　　　　图5-1-34　贴片IC,点焊③

（3）将与1号引脚对角的引脚焊好，如图5-1-34所示。

（4）依次将其他引脚焊好。效果如图5-1-35所示。

图5-1-35　贴片IC拖焊④

2）贴片IC拖焊法

对于引脚间距小于1.27mm的SSOP和QFP等封装的集成电路，采用点焊法较难进行焊接，此时可采取拖焊法焊接。以下是SSOP-16贴片IC的焊接方法。

（1）准备好电路板，用电烙铁加热其中1个焊盘，并上锡，如图5-1-36所示。

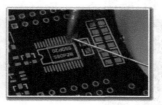

图5-1-36　贴片IC拖焊①

（2）用镊子拾起IC，同时用电烙铁加热已经上锡的焊盘，马上将贴片IC放上去。并调整好元件位置，使其各个引脚均对准相应焊盘，如图5-1-37所示。

图5-1-37　贴片IC拖焊②

（3）将与第1个引脚对角的引脚焊好，如图5-1-38所示。

（4）在一侧的管脚上上足锡，然后用烙铁将焊锡熔化并向该侧其他引脚抹去，如图5-1-39所示。

图5-1-38　贴片IC拖焊③　　　　　图5-1-39　贴片IC拖焊④

（5）烙铁头蘸上助焊剂，将引脚间可能连接的焊锡仔细弄开，如图5-1-40所示。

（6）按上述方法将另一侧焊好，如图5-1-41所示。

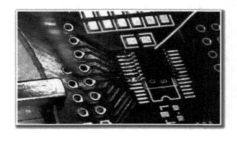

图5-1-40　贴片IC拖焊⑤　　　　　图5-1-41　贴片IC拖焊⑥

（7）焊接完成效果如图5-1-42所示。

QFP等封装贴片IC的焊接方法大致与上述相同，图5-1-43为QFP-44贴片IC的焊接效果。

图5-1-43　QFP-44贴片IC的焊接

图5-1-42　贴片IC拖焊⑦

【贴片IC焊接时应注意】

（1）贴片IC是直接焊接在电路板上的，应注意电烙铁的温度不可过高。

（2）贴片IC手工焊接时，最关键的步骤是引脚对好其相应的焊盘。引脚不能出现歪斜、错位的现象。

（3）拖焊时（或点焊时）出现的焊锡短接引脚现象，可用烙铁头在两引脚间仔细处理，若还是难以清理干净焊锡，可借助吸锡线进行处理。

（4）IC焊接完毕，因使用助焊剂的原因，电路板上有助焊剂的残留，此时可用棉签蘸上酒精将之擦除干净。

6. 贴片元件的拆焊方法

（1）对于贴片电阻等分立贴片元件，可用烙铁快速地加热各个焊盘，然后及时用镊子将贴片元件拾起便可将之拆卸。元件拆卸完毕应将焊盘清理干净。

（2）对于SOP、SSOP等贴片IC，因引脚较多，烙铁头很难做到均匀加热各个焊盘，此时可采取加锡拆焊技巧进行拆焊。

所谓加锡拆焊，就是对焊好引脚的焊盘继续上锡，如图5-1-44所示，利用新加焊锡的受热流动性，将其他焊盘上的焊锡也熔化，从而使元件管脚容易脱落，如图5-1-45所示。同样，元件拆卸完毕将焊盘清理干净，如图5-1-46所示。

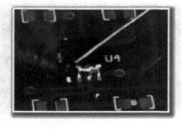

图5-1-44　加锡

图5-1-45　拆卸元件

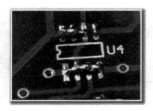

图5-1-46　清理焊盘

（3）在熟练操作的情况下，对于引脚不是非常多的QFP等封装贴片IC，均可以使用加锡拆焊技巧进行拆焊。当然，对于难以使用电烙铁拆卸的元件，借助热风枪进行拆焊工作，难度会降低很多。

【工作过程】

1．认识常见贴片元件

1）贴片电阻认识

贴片电阻最常见的两种封装形式是＿＿＿＿＿和＿＿＿＿＿＿。

填写表5-1-2。

表5-1-2　电阻标称阻值

电　阻	实　物	标称阻值
R_1		
R_2		
R_3		

2）其他分立贴片元件

判断图5-1-47中贴片电解电容、贴片二极管的极性，指出正负极引脚。

＿＿＿极　　　　＿＿＿极　＿＿＿极　　　　＿＿＿极

图5-1-47　贴片元件

标出如图5-1-48所示贴片三极管的三个引脚。

＿＿＿极　　＿＿＿极　　　　＿＿＿极

图5-1-48　贴片三极管

3）贴片IC

判断图5-1-49所示贴片IC，其封装形式应为：SOP-____，在图上标出其引脚编号。

图5-1-49　贴片IC（1）

4）判断图5-1-50所示贴片IC，其封装形式应为：QFP-____。

2．焊接贴片电阻和贴片电容

（1）领取PCB板和待焊接元件（0805贴片电阻和贴片电容）。

（2）近距离观察贴片电阻和贴片电容。

（3）贴片焊接：将贴片元件焊接在相应的位置。

（4）元件拆焊：在完成焊接的元件中，找出其中1个贴片电阻和1个贴片电容，将之拆卸下来。并清理干净焊盘。

图5-1-50　贴片IC（2）

3．焊接SOP-8、SOP-16贴片IC

（1）领取PCB板和待焊接元件（SOP封装贴片IC）。

（2）近距离观察SOP封装贴片IC。

（3）贴片焊接：将贴片元件焊接在相应的位置。

4．SOP-8贴片IC拆焊

（1）将SOP-8贴片IC拆卸下来。

（2）将焊盘清理干净。

5．焊接SSOP-16贴片IC

（1）领取PCB板和待焊接元件（SSOP封装贴片IC）。

（2）近距离观察SSOP封装贴片IC。

（3）贴片焊接：将贴片元件焊接在相应的位置。

6．整理焊接环境

工作台上工具摆放整齐，任务完成后，收拾好焊接工具，清理焊接台，保证焊接环境干净。

任务二　波形发生电路的装配与调试

【学习目标】

（1）利用所学贴片焊接知识，按照装配图完成波形发生电路的装配。

（2）学会使用数字示波器。

（3）完成波形发生电路的调试，实现波形发生电路功能。

【学习准备】

一、波形发生电路基本原理

1. 电路原理图

波形发生电路原理如图5-2-1所示。

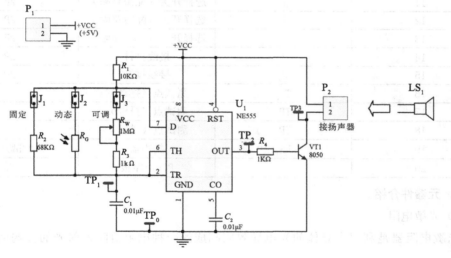

图5-2-1　波形发生电路原理图

2. 波形发生电路基本原理

波形发生电路是由555定时器以及外围电路组成的多谐振荡器，可产生不同频率的方波输出。

通过3个不同的开关（短路帽J_1、J_2、J_3）选择，可使波形发生电路在TP_2处产生不同的脉冲（方波）输出，通过三极管驱动扬声器，扬声器播放出不同效果的声音。

J_1接通，输出为固定频率的方波，扬声器发出固定频率的声音；

J_2接通，输出为频率随光照变化而产生变化的方波，扬声器发出类似鸟鸣的声音；

J_3接通，输出为频率可调的方波，扬声器可发出低音到高音可调节的声音。

3. 波形发生电路元器件列表

波形发生器电路元器件如表5-2-1所示。

表5-2-1　波形发生电路元器件列表

序号	标号	元器件名称	规格与参数
1	R_1	贴片电阻	10kΩ
2	R_2	贴片电阻	68kΩ
3	R_3	贴片电阻	1kΩ
4	R_4	贴片电阻	1kΩ
5	R_G	光敏电阻	10k~1MΩ
6	R_W	电位器	1MΩ
7	C_1	贴片电容	0.01μF
8	C_2	贴片电容	0.01μF
9	U_1	贴片集成电路	NE555
10	VT_1	贴片三极管	Y1（S8050）
11	J_1	选择开关（配短路帽）	2P
12	J_2	选择开关（配短路帽）	2P
13	J_3	选择开关（配短路帽）	2P
14	P_1	接线排针	2P
15	P_2	接线排针	2P
16	TP_0	测试点（排针）	
17	TP_1	测试点（排针）	
18	TP_2	测试点（排针）	
19	LS_1	扬声器	0.5W/8Ω
20		PCB电路板	1块

4. 元器件介绍

1）光敏电阻

光敏电阻器是利用半导体的光电导效应制成的一种电阻值随入射光的强弱而改变的电阻器。

光敏电阻器一般用于光的测量、光的控制和光电转换（将光的变化转换为电的变化）。常用的光敏电阻器为硫化镉光敏电阻器，它是由半导体材料制成的。光敏电阻器的阻值随入射光线（可见光）的强弱变化而变化，在黑暗条件下，它的阻值（暗阻）可达1~10MΩ，在强光条件下，它阻值（亮阻）仅有几百至数千欧姆。光敏电阻器对光的敏感性（即光谱特性）与人眼对可见光（0.4~0.76μm）的响应很接近，只要人眼可感受的光，都会引起它的阻值变化。

通常，光敏电阻器都制成薄片结构，以便吸收更多的光能。当它受到光的照射时，半导体片（光敏层）内就激发出电子-空穴对，参与导电，使电路中电流增强。为了获得高的灵敏度，光敏电阻的电极常采用梳状图案，它是在一定的掩膜下向光电导薄膜上蒸镀金或铟等金属形成的。实物外形如图5-2-2所示。

图5-2-2 光敏电阻

光敏电阻器是无极性元件，装配时无须考虑方向。

光敏电阻器图形符号： RG

2）其他元器件

其他元器件如图5-2-3、图5-2-4所示。

图5-2-3 小功率扬声器

图5-2-4 555定时器

555定时器将会在选学项目中详细介绍，本项目先初步认识其外形。

二、波形发生电路PCB图

波形发生电路PCB图如图5-2-5所示。

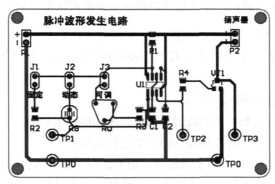

图5-2-5 波形发生电路PCB图

三、电路装配过程

1. 安装、焊接

根据贴片焊接方法以及针脚式元件的五步焊接法完成电路的装配。

安装焊接参考顺序：

（1）焊接贴片元件；

（2）安装高度低、体积小的元件；

（3）安装高度较高、体积大的元件；

（4）无须焊接的固定件最后安装，完成效果图如图5-2-6所示。

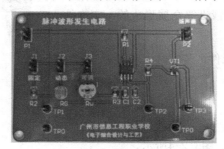

图5-2-6　波形发生电路装配效果图

2. 整机装配

最后，将焊接好的电路板、连线、电器（设备）面板以及电器（设备）外壳连接组装起来，形成一个可以使用的成品。

四、数字示波器使用方法

1. 数字示波器

示波器是一种用途很广的电子测量仪器。利用它可以测出电信号的一系列参数，如信号电压（或电流）的幅度、周期（或频率）、相位等。示波器分为模拟示波器和数字示波器，在项目三中已经介绍了模拟示波器，本项目介绍数字示波器的使用方法。

1）数字示波器的认识

数字示波器型号很多，这里以常用的固纬GDS-1072A-U示波器（见图5-2-7）为例，介绍数字示波器的使用方法。

数字示波器面板示意如图5-2-8所示。

（1）屏幕：用于显示被测信号的波形、测量刻度、操作菜单等；

（2）屏幕菜单操作按钮：对屏幕显示的菜单进行操作；

（3）校准信号：提供1 kHz、2 V的基准方波信号，用于示波器的自检；

（4）输入探头插座：用于连接输入电缆，以便输入被测信号，共两路CH1和CH2；

（5）垂直调节控制部分：用于选择被测信号及调整被测信号在Y轴方向的显示大小或位置；

图5-2-7　固纬GDS-1072A-U示波器

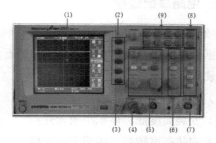

图5-2-8　固纬GDS-1072A-U示波器面板示意图

（6）水平调节控制部分：用于调整被测信号在X轴方向的显示大小或位置；

（7）触发部分：用于调整显示的被测信号的稳定性；

（8）操作方式控制部分：提供"自动调整"和"显示静止"两种方式；

（9）辅助测量部分：提供测量方式、采样方式、显示方式等选择。

2. 数字示波器各常用开关与旋钮的含义与功能

（1）垂直调节（Y轴）系统的开关与旋钮（见图5-2-9）。

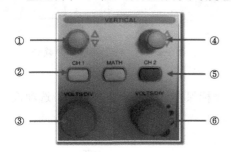 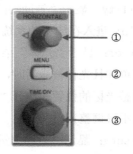

图5-2-9　垂直调节（Y轴）系统的开关与旋钮　　图5-2-10　水平调节（X轴）系统的开关与旋钮

①CH1通道Y轴位移旋钮。

②CH1通道按钮，按下此按钮，屏幕显示CH1通道菜单。

③CH1通道电压灵敏度设置旋钮。

④CH2通道Y轴位移旋钮。

⑤CH2通道按钮，按下此按钮，屏幕显示CH2通道菜单。

⑥CH2通道电压灵敏度设置旋钮。

（2）水平调节（X轴）系统的开关与旋钮（见图5-2-10）。

①X轴位移旋钮。

②显示水平设置菜单。

③时间灵敏度调节旋钮。

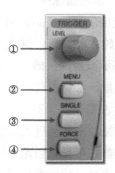

图5-2-11　触发系统的开关与旋钮

（3）触发系统的开关与旋钮（见图5-2-11）。

①"LEVEL"旋钮：触发电平设定触发点对应的信号电压，以便进行采样。按下"LEVEL"旋钮可使触发电平归零。

②MENU：显示"触发"控制菜单。

③SINGLE：采集单个波形，然后停止。

④FORCE：无论示波器是否检测到触发，都可以使用"FORCE"按钮完成当前波形采集。主要应用于触发方式中的"正常"和"单次"。

（4）操作控制方式按钮（见图5-2-12）。

①Autoset：自动设置示波器控制状态，以产生适

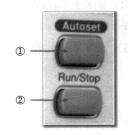

图5-2-12　操作控制方式旋钮

用于输出信号的显示图形。

②Run/Stop：连续采集波形或停止采集。注意：在停止的状态下，对于波形垂直档位和水平时基可以在一定的范围内调整，相对于对信号进行水平或垂直方向上的扩展。

（5）测量辅助部分（见图5-2-13）。

① Acquire：显示"采集"菜单。

② Display：显示"显示"菜单。

③ Utility：显示"辅助功能"菜单。

④ Help：进入在线帮助系统。

⑤ Cursor：显示"光标"菜单。当显示

图5-2-13　测量辅助部分旋钮

"光标"菜单并且光标被激活时，"万能"旋钮可以调整光标的位置。离开"光标"菜单后，光标保持显示（除非"类型"选项设置为"关闭"，但不可调整）。

⑥ Measure：显示"自动测量"菜单。

⑦ Save/Recall：显示设置和波形的"储存/调出"菜单。

3. 示波器探头

使用示波器是必须用示波器探头接触被测信号，通过探头将信号输入示波器。探头如图5-2-14所示。

将示波器探头插入示波器的CH1、CH2通道的输入插座便可进行测量，若需进行双踪测量，两通道分别插入一个探头便可。

图5-2-14　示波器探头

示波器探头上有一个幅值衰减系数开关，分别为×1和×10。选择×1时，外部信号将不经衰减按原来幅值进入示波器；当选择×10时，外部信号将经过衰减按原来幅值的十分之一进入示波器。可见，当测量幅值较大的电压信号时，为了避免高电压对示波器产生影响，可以在探头上选择×10的衰减开关，将电压幅值降低后才送入示波器。

二、数字示波器使用方法

以测量示波器校准信号为例。

（1）打开电源开关；

（2）恢复初始设置。

按下"Save/Recall"按钮，屏幕显示"初始设置"，按下对应的屏幕菜单按钮（见图5-2-15），恢复初始设置。

图5-2-15　示波器恢复初始设置

（3）调整通道耦合方式（以CH1通道为例）： 按"CH1"→"耦合"→交流，设置为交流耦合方式（图5-2-16）。

图5-2-16 设置耦合方式

（4）自动测量：按下"Autoset"按钮，自动设置灵敏度，再按下"Run/Stop"运行、采样信号后再次按下可停止采样，最后按下"Measure"，完成自动测量（见图5-2-17）。

图5-2-17 自动测量

（5）参数选择和调整。

初始设置后屏幕默认显示：峰-峰值、平均值、频率、上升时间等5个参数，要求将其改为峰-峰值、最大值、均方根值、周期、频率5个参数（见图5-2-18）。

以频率改为周期参数显示为例，介绍显示参数的修改方法。

按下"频率"屏幕菜单按钮，进入频率菜单设置界面，再次按下对应屏幕菜单按钮，弹出参数选择对话框，旋动"万能旋钮"，将光标移至所需的参数处，再次按下屏幕菜单按钮，回至原界面，频率参数处已改为"周期"，按下"Measure"，完成自动测量（见图5-2-19、图5-2-20）。

图5-2-18 参数选择和调整

若方波显示不稳定，此时可调节"LEVEL"（电平旋钮），使波形稳定下来。

（6）读取参数两种方法。

①从屏幕菜单中直接读取。

②观察波形图，计算幅值和周期。从图5-2-21中可知方波峰-峰值为4个格（垂直方向的格数），电压灵敏度为500 mV，则电压峰-峰值：

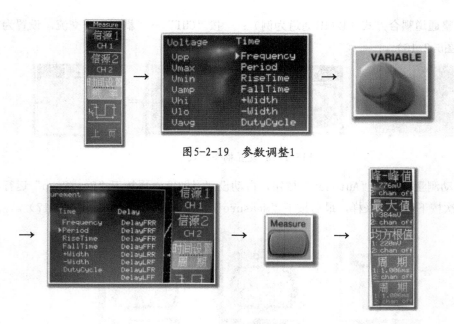

图 5-2-19　参数调整 1

图 5-2-20　参数调整 2

$U_{\text{P-P}}$＝V/DIV（电压灵敏度）×DIV（格数）＝500 mV/DIV×4DIV＝2000 mV＝2 V；
方波周期为 4 个格（水平方向的格数），时间灵敏度为 250 μs，则方波的周期：
T＝T/DIV（时间灵敏度）×DIV（格数）＝250 us/DIV×4DIV＝1000 us＝1 ms，
频率 f＝1/T＝1/1 ms＝1 kHz。

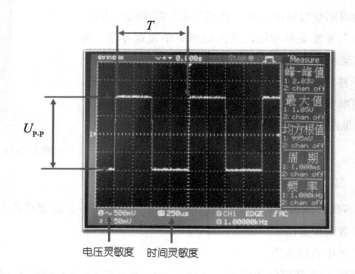

图 5-2-21　参数读取

五、电路调试方法

电路安装焊接完毕，需要进行检查与调试，检验电路是否能产生预定的功能。

一般的电路调试步骤如下：

（1）首先要进行电路板的全局检查，看看是否出现遗漏或者错误。特别要留意是否有元件没有焊接安装。

（2）接通电源。

（3）调节电路中的可调节器件，使电路产生预定的功能。

（4）若电路出现故障，不能实现功能，此时可通过目视检查或使用电子仪器检查的方法，查找故障，并排除故障，重新调试，观察是否调试成功。反复通过检修与调试，最终使电路实现预定的功能。

六、电路参数测试

使用数字示波器测试波形发生电路的TP_1、TP_2、TP_3波形，并记录其参数。

（1）使用数字示波器，测量波形发生电路的TP_1波形，并把它记录在表5-2-2中。

表5-2-2　TP_1波形测试结果

波形	频率	峰—峰值
	$f=$	$V_{P-P}=$
	时间灵敏度	电压灵敏度
	/DIV	/DIV

（2）使用数字示波器，测量波形发生电路的TP_2波形，并把它记录在表5-2-3中。

表5-2-3　TP_2波形测试结果

波形	频率	峰—峰值
	$f=$	$V_{P-P}=$
	时间灵敏度	电压灵敏度
	/DIV	/DIV

（3）使用数字示波器，测量波形发生电路的TP_3波形，并把它记录在表5-2-4中。

表5-2-4　TP₃波形测试结果

波形		频率	峰—峰值
		$f=$	$V_{P-P}=$
		时间灵敏度	电压灵敏度
		/DIV	/DIV

【工作过程】

1. 元器件检测

借助万用表依次完成各元器件的检测，并填写表5-2-5。

表5-2-5　检测表

元器件	识别及检测内容			
		标称值	测量值	测量挡位
电阻器 4支	R_1			
	R_2			
	R_3			
	R_4			
三极管 1支		管外形示意图（标出管脚名称）	类型	质量判定
	VT₁			
光敏电阻 1支		正常光照时电阻	无光照时电阻	质量判断
	R_G			
电位器 1支	管外形示意图 （标出动触点）	标称值	测量值	质量判定
	R_W			

2. 抄画波形发生电路PCB图

波形发生器电路PCB图如图5-2-22所示。

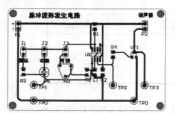
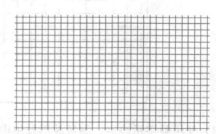

图5-2-22　波形发生器电路PCB图

3. 波形发生器电路装配

（1）确定元器件安装次序：依据元器件的高低、大小，确定元器件的安装次序是（可填写元件标号或元件类型）。

_____。

（2）焊接元器件：对照电路PCB图，参照安装次序，完成各元器件的焊接。

4. 波形发生器电路调试

（1）将扬声器接入P_2端。注意扬声器的正负极。

（2）在P_1端接入+5 V直流电压。

（3）将短路帽独立接入J_1选择开关，听取扬声器的发声，只发出一种频率的声音为正常。

（4）将短路帽独立接入J_2选择开关，听取扬声器的发声，用手遮掩光敏电阻R_G，扬声器发出无规律变化的声音为正常。

（5）将短路帽独立接入J_3选择开关，听取扬声器的发声，调节电位器R_W，扬声器发出规律性的由尖锐到低沉（或由低沉到尖锐）的声音为正常。

5. 波形发生器电路故障检修

在调试过程中，能否第一次调试就成功实现电路功能？

□第一次调试电路就成功实现功能　　　　□第一次调试电路不能实现功能

（1）若你是属于第一次调试就成功的，请谈谈你认为你能成功的原因。

_____。

（2）若你第一次调试不能实现功能，请检查电路故障，记录相关故障现象，分析故障原因，并进行检修，排除故障，最后实现电路功能。

电路出现的故障现象有：

_____。

电路故障发生的原因是：

_____。

电路故障的发现和故障原因的分析是你独立完成的，还是在同学帮忙下完成，还是在老师的指引下完成的？

□自己独立完成　　　　□同学帮忙完成　　　　□老师指导完成

你是如何排除电路故障的呢？将你的解决方法记录下来。

_____。

6. 电路参数测试

使用数字示波器测试波形发生电路的TP_1、TP_2、TP_3波形，并记录其参数。

（1）使用数字示波器，测量波形发生电路的TP_1波形，并把它记录在下面的表5-2-6中。

表5-2-6　TP₁波形测试结果

波形	频率	峰—峰值
	$f=$	$V_{P\text{-}P}=$
	时间灵敏度	电压灵敏度
	/DIV	/DIV

（2）使用数字示波器，测量波形发生电路的TP₂波形，并把它记录在表5-2-7中。

表5-2-7　TP₂波形测试结果

波形	频率	峰—峰值
	$f=$	$V_{P\text{-}P}=$
	时间灵敏度	电压灵敏度
	/DIV	/DIV

（3）使用数字示波器，测量波形发生电路的TP₃波形，并把它记录在表5-2-8中。

表5-2-8　TP₃波形测试结果

波形	频率	峰—峰值
	$f=$	$V_{P\text{-}P}=$
	时间灵敏度	电压灵敏度
	/DIV	/DIV

任务三　标准作业指导书

【学习目标】

（1）了解作业指导书，填写完整作业指导书。

（2）学会标准作业指导书编制方法。

【学习准备】

一、作业指导书介绍及编写原则

1.作业指导书

作业指导书是为了加强企业的基础管理，规范现场操作，保证质量，吸收行业新技术、新材料、新机具、新工艺等先进实用成果的基础上，结合技术发展与实践经验进行编撰，作为控制质量的主要依据。

通常，将作业指导书中的机器配置图记在A3大小的规定用纸上，并且记录了作业顺序、标准持有量、周期时间、实际时间、安全、品质检查等各个项目，挂在现场机器加工生产线和组装生产线上，这被称为"标准作业单"。

2.作业指导书基本内容

作业指导书本质是指为保证过程的质量而制订的程序。

常用的作业指导书应包含以下内容：

（1）编制目的。

（2）编制依据。

（3）适用范围。

（4）作业前的准备工作。

（5）作业方案。

（6）技术要求及措施。

（7）人员组织要求。

（8）安全质量保证措施。

（9）环境保护措施。

3.作业指导书基本编写原则

常用的作业指导书的基本编写原则如下（称之为5W1H原则）：

Where：即在哪里使用此作业指导书；

Who：什么样的人使用该作业指导书；

What：此项作业的名称及内容是什么；

Why：此项作业的目的是干什么；

When：何时做；

How：如何按步骤完成作业。

二、标准作业指导书介绍

下面介绍由国联通信股份有限公司提供的一份标准作业指导书（见表5-3-1），供读者学习参考。

表5-3-1　标准作业指导书

国联通信 Global Link	标准作业指导书			岗位名称	焊接	标准人力	1
				版本	A0	标准工时	10分钟
项目名称	武汉02-分屏器	文件编码	GL-WI-PR-033	制定日期	2011.09.15	页码	1/1
				修订日期		工艺级别	一级
NO.	工具及辅料	数量	NO.	物料名称规格		物料号	用量
1	锡丝（φ1.0）	适量	1	40P　2.54 mm 单排针座		6031125404010	0.2
2	洗板水	适量	2	红色发光二极管		6090101000510	1
3	电烙铁/架	1	3	黄色发光二极管		6090201000510	1
4	斜口钳	1	4	红绿双色共阳极发光二极管		6090501000550	2
			5	PCB GZ06控制盒灯板		601PA0718A411	1

图示说明：

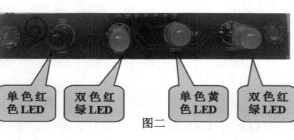

图二

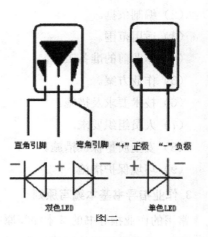

图二

作业步骤：

1.取一根40P 2.54 mm单排座，先将其分别剪成7P，再取剪开的7P单排座，将其焊装到灯板J501位置上

2. 取一个红色发光二极管，将其大电极对应的引脚插入"-"端，小电极对应的引脚对应插入"+"端，使用电烙铁焊接在RED位置。（注意灯的高度，用五金件实配）

3. 取一个黄色发光二极管，将其大电极对应的引脚插入"-"端，小电极对应的引脚对应插入"+"端，使用电烙铁焊接在YLW位置。（注意灯的高度，用五金件实配）

4. 取两个红绿双色共阳极发光二极管，将其直角引脚朝红色发光二极管，焊接在D502和D504位置。（注意灯的高度，用五金件实配）

5. 将引脚超出PCB板2 mm的过长部分剪去，清洗PCB板，自检无误后贴上MFG自检确认标并将完成品流入检验工位

注意事项：

1.作业人员须佩戴好防静电手环，并保持工作台面的整洁

2.将烙铁头的温度设置为350～370 ℃，烙铁海绵保持湿润状态

取放产品要求轻拿轻放、做好顺检查前站岗位作业是否合格、自检合格后将产品流向下一站

制定：	审核：	核准：	

CAUTION ELECTROSTATIC SENSITIVE DEVICES DO NOT OPEN OR HANDLE EXCEPT AT A STATIC-FREE WORKSTATION

【工作过程】

完成波形发生电路作业指导书的编写（见表5-3-2）。

表5-3-2 波形发生器电路作业指导书

标准作业指导书				岗位名称		标准人力	
				版本		标准工时	
项目名称		文件编码	GL-WI-PR-033	制定日期		页码	
				修订日期		工艺级别	
NO.	工具及辅料	数量	NO.	物料名称规格		物料号	用量

图示说明：

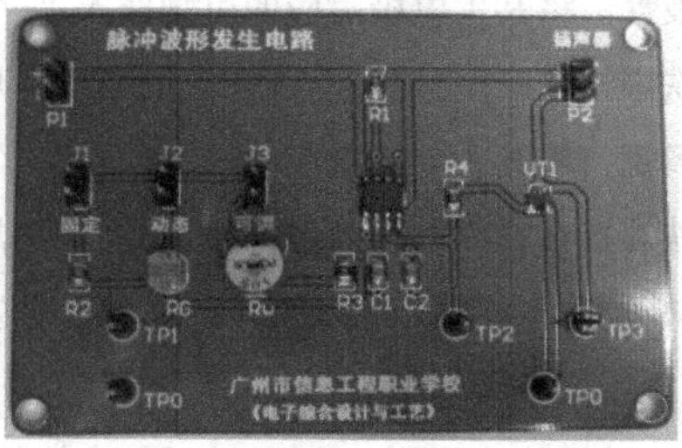

作业步骤：

注意事项：

取放产品要求轻拿轻放、检查前站岗位作业是否合格、自检合格后将产品流向下一站

制定：	审核：	核准：	

项目六　　　　**基于单片机的摇摇棒的设计与制作**

知识目标

（1）学会根据工作任务制定工作计划并合理分工，填写工作计划书；

（2）学会创建PCB贴片元件封装；学会使用Protel DXP 2004进行电路板的综合设计，设计出摇摇棒电路板PCB图；

（3）学会分析摇摇棒电路的工作原理；初步认识单片机；

（4）学会元器件识别检测方法，完成元器件的检测；

（5）完成摇摇棒电路的装配和调试；填写工艺表和工作页；

（6）学会阅读工作指引，养成自主学习的好习惯；学会资源共享、取长补短、合作共赢。

任务分解

（1）完成工作计划书；

（2）按照计划书完成各项任务。

【学习准备】

一、工作计划书的制定

计划是指为完成一定时期的任务而事前对目标、措施和步骤作出简要部署的事务文书。

1．工作计划的格式

(1)计划的名称。

(2)计划的具体要求。一般包括工作的目的和要求，工作的项目和指标，实施的步骤和措施等，也就是为什么做、做什么、怎么做、做到什么程度。

(3)最后写订立计划的日期。

2．工作计划的内容

(1)工作任务分析（制定计划的根据）。制定计划前，要分析研究工作现状，充分了解下一步工作是在什么基础上进行的，是依据什么来制定这个计划的。

(2)工作任务和要求（WHAT做什么）。根据需要与可能，规定出一定时期内所应完成的任务和应达到的工作指标。任务和要求应该具体明确，有的还要定出数量、质量和时间要求。

(3)工作的方法、步骤和措施（HOW怎样做）。在明确了工作任务以后，还需要根据主客观条件，确定工作的方法和步骤，采取必要的措施，以保证工作任务的完成。

(4)工作分工：谁来做（WHO）——工作负责。

(5)工作进度：什么时间做（WHEN）——完成期限。

3．工作任务书

下面以"项目四　电子小夜灯电路的设计与工艺"为例介绍工作任务书以及计划书的制定过程。工作任务书如表6-1-1所示。

表6-1-1　工作任务书

	电子小夜灯电路的设计与工艺
执行小组成员	
参考资料	《电子综合设计与工艺》教材与工作页
	《36个创意电子小制作——点亮生活》
	电子产品、工艺品、元器件网站，如五六电子等
	电子产品、元器件市场
	演示或展示技巧、PPT的制作方法等
工作背景	您是某公司的产品设计员，公司计划生产一批小夜灯投放市场，部门经理将任务交给了您的团队
	您是某公司的产品设计员，现公司计划生产一批用于灯光节的观赏灯，设计部经理将任务交给了您的团队
	某同学想用LED自制一个工艺品生日礼物送与朋友

（续表）

引导性提问	（1）您设计的产品将用于何种场合？
	（2）您将制作的这类产品市场价格一般是多少？您计划制作的产品成本预估是多少？
	（3）您计划选择怎样的包装？选择哪些材料？它们的价格是多少？
	（4）您将按照怎样的步骤完成您的产品？在每个环节中您将使用哪些工具、仪器、材料？您和您的团队成员如何分工？每个环节需要花费多长时间？可能会遇到什么困难？您将采用什么方法解决？
	（5）在产品制作过程中您可能会遇到哪些危险？您如何规避危险？
	（6）如何展示您和您的团队的设计？分享你们的体会？

4．工作计划书格式

根据工作任务可制定工作计划（见表6-1-2）。

表6-1-2　工作计划书格式

任务名称						
组长		组员				
序号	工作环节	具体步骤	工具、材料	预估时间	负责人	注意事项
1						
2						
3						
4						
5						

二、摇摇棒PCB图设计

1．电路原理图

摇摇棒电路原理图见图6-1-1所示。

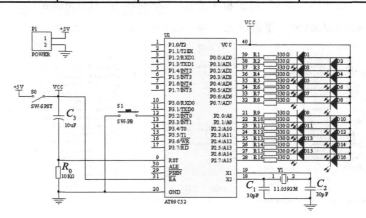

图6-1-1　摇摇棒电路原理图

2. 原理图设计流程

流程如图6-1-2所示。

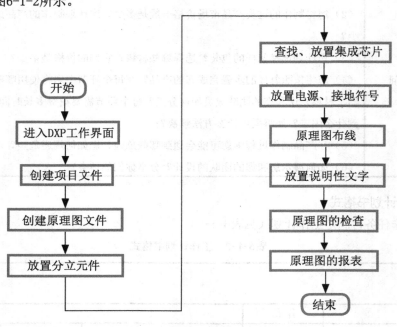

图6-1-2 电路原理图绘制流程

3. 绘制电路原理图

（1）新建原理图文件并命名。

新建项目文件：YYB. PRJPCB，并保存在桌面以班级序号姓名命名的文件夹中。在此项目文件中新建原理图文件YYB. SCHDOC。

（2）装载元件库。

在"Library"对话框中点击 Libraries... → Install... （见图6-1-3），装载"Dallas Semiconductor"里面的元件库：Dallas Microcontroller 8-Bit. IntLib（见图6-1-4）。

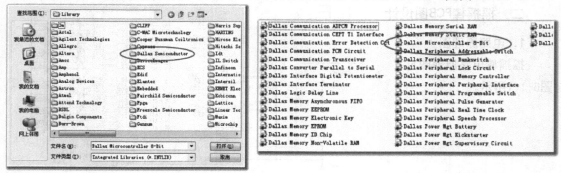

图6-1-3 加载单片机元件库1   图6-1-4 加载单片机元件库2

（3）放置元件。

根据所在元件库找到元件，将之放置在图纸中（见表6-1-3）。

表6-1-3　摇摇棒电路主要元件及对应元件库表

元件名称	所属元件库
单片机芯片U1（DS87C520-MNL）	Dallas Microcontroller 8-Bit.IntLib
电源接线端子P1（Header 2）	Miscellaneous Connectors.IntLib
其他分立元件	Miscellaneous Devices.IntLib

（4）放置电源、地线符号。

（5）连线。

（6）生成各种报表文件。

　　①生成网络表文件YYB.NET。

　　②生成材料清单文件（*.xls）。

4. 创建元件封装

摇摇棒电路有三种元件需要自己创建元件封装。

1）新建元件封装库文件并命名保存

在项目文件YYB.PRJPCB中新建元件封装库文件MyPcbLib1.PcbLib。

2）设置编辑界面

选择命令"Tools"→"Library Options…"，进入编辑界面设置对话框，将捕捉网格改为25mil，可视网格Grid1改为100mil、Grid2改为1000mil。

3）设置显示图层

选择命令"Tools"→"Layers&Colors…"，进入图层设置对话框，将"Visible Grid1"可选项勾上。点击"OK"按钮退出对话框。

按击键盘"Page Up"键，放大图纸的显示效果，直到双层网格均合适显示为止。

4）设置元件封装参考点

选择命令"Edit"→"Set Reference"→"Location"，然后将光标移到编辑区中间位置，点击鼠标左键，确定编辑参考点。

5）创建元件封装

下面以适用于贴片电阻和贴片电容的元件封装"0805"为例，介绍贴片元件封装的设计要点。

（1）选择命令"Tools"→"New Component"（见图6-1-5），创建元件封装。

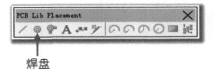

焊盘

图6-1-5　创建元件封装命令　　　　　　图6-1-6　放置焊盘

（2）点击放置工具栏上的焊盘图标（见图6-1-6）。

（3）贴片元件的焊盘设置跟以下几个参数有关。

所处板层：Top Layer（见图6-1-7）；孔径：0mil（见图6-1-8）。

图6-1-7　设置焊盘所处板层

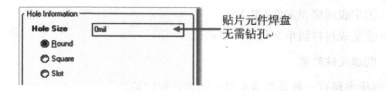

图6-1-8　设置焊盘孔径

焊盘形状和大小（见图6-1-9）。

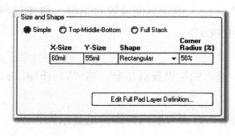

图6-1-9　设置焊盘形状和大小

图6-1-10　0805封装

（4）按上述设置，完成元件封装0805的创建（见图6-1-10）。

注意：第①号焊盘应落在参考点上。

6）保存元件封装

对MyPcbLib1.PcbLib点击右键，选择保存命令Save，将元件封装保存在元件封装库中。需要自己创建的元件封装列表如表6-1-4所示。

表6-1-4 需要自己创建的元件封装列表

元件及编号	元件封装	封装名称与参数
贴片电阻 $R_0 \sim R_{16}$ 贴片电容 C_1、C_2		封装名称：**0805** 焊盘所处板层：Top Layer 焊盘大小：孔径 0 mil X 方向尺寸：60 mil，Y 方向尺寸：60 mil； 焊盘间距：100 mil 外轮廓：围绕焊盘即可
贴片电解电容 C_3		封装名称：CAP-SMC 焊盘所处板层：Top Layer 焊盘大小：孔径 0 mil X 方向尺寸：100 mil，Y 方向尺寸：50 mil 焊盘间距：250 mil 外轮廓半径：100 mil
发光二极管 $LED_1 \sim LED_{16}$		封装名称：LED 焊盘大小：孔径 30 mil，外径 60 mil 焊盘间距：100 mil 外轮廓半径：100 mil
电源开关 S_0		封装名称：SWITCH 焊盘大小：孔径 30 mil，外径 60 mil 相邻焊盘间距：100 mil 对列焊盘间距：200 mil
晶振 Y_1		封装名称：XTAL 焊盘大小：孔径 30 mil，外径 60 mil 焊盘间距：100 mil 外轮廓圆弧半径：75 mil

5. PCB设计流程

设计流程如图6-1-11所示。

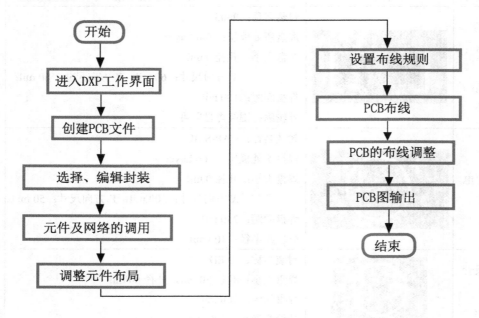

图6-1-11 PCB设计流程

6. 使用PCB编辑器设计接线图

（1）新建PCB文件并命名保存。

利用向导在项目文件YYB.PRJPCB中生成PCB文件YYB.PCBDOC。

板框设为：1400 mil×8000 mil（或1100 mil×8000 mil）

（2）设置编辑界面。

选择命令"Design"→"Board Options…"，进入编辑界面设置对话框，将捕捉网格改为25 mil，可视网格Grid1改为100 mil、Grid2改为1000 mil。

（3）设置显示图层。

选择命令"Design"→"Board Layers & Colors…"，进入图层设置对话框，将"Visible Grid1"可选项勾上。点击"OK"按钮退出对话框。

按击键盘"Page Up"键，放大图纸的显示效果，直到双层网格均合适显示为止。

（4）设置PCB原点。

选择命令"Edit"→"Origin"→"Set"，然后将光标移到板框左下角，点击鼠标左键，确定PCB原点。

（5）设置原理图元件封装。

打开原理图文件YYB. SCHDOC。按表6-1-5进行封装的选择或设置。

表6-1-5　元件设置封装列表

元件名称	编号	封装名称	元件名称	编号	封装名称
贴片电阻	$R_0 \sim R_{16}$	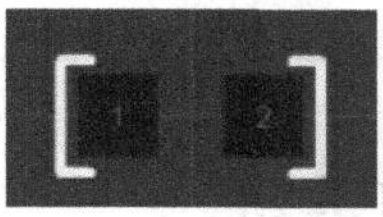 0805	电源接线端子	P_1	 HDR1X2
贴片电容	C_1、C_2	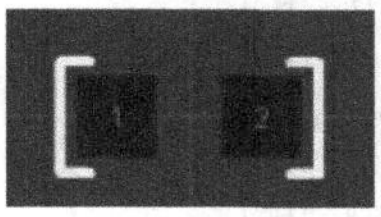 0805	位置开关	S_1	 RAD-0.1
贴片电解电容	C_3	 CAP-SMC	单片机	U_1	 DIP40B
晶振	Y_1	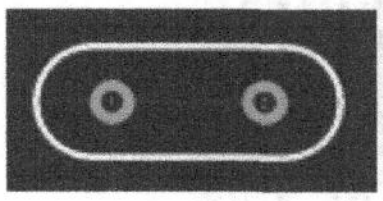 XTAL	电源开关	S_0	 SWITCH

（6）载入元件和网络。

在原理图界面，选择命令：【Design】/【Update PCB Document WYDY.PcbDoc】，将元件封装和网络装载到PCB板图中。

（7）元件布局。

（8）手工布线。

元件布局与手工布线参考图6-1-12。

（9）电路板后期处理。

①敷铜。

将电路板空白地方用铜膜铺满，主要目的是提高电路板的抗干扰能力，通常将铜膜与地相连。

点击 ▦ ，弹出 **Polygon Pour** 对话框，做相应设置后点击"OK"，光标处于覆铜区域选择状态，确定起点、转折点及终点，完成覆铜。

②输出电路板PCB制板文件。

A. 将PCB板文件另存为PCB 4.0格式，可以方便制板工厂加工。

在PCB板的编辑界面，执行菜单命令"File"→"Save As"，然后选择.pcb文件格式即可。

B. 将PCB板文件另存为PCB 2.8格式，可以方便电路板雕刻机加工。

在PCB板的编辑界面，执行菜单命令"File"→"Save As"，然后选择如图文件格式即可。

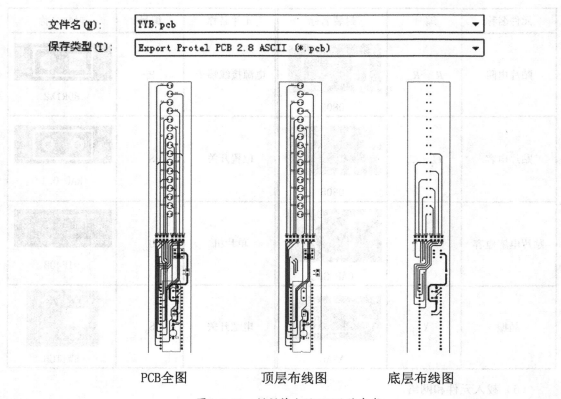

| 文件名(N): | YYB.pcb |
| 保存类型(T): | Export Protel PCB 2.8 ASCII (*.pcb) |

PCB全图　　　　　顶层布线图　　　　　底层布线图

图6-1-12 摇摇棒电路PCB设计参考

三、摇摇棒电路元器件认识、检测和原理分析

1. 新型元器件介绍

1）晶振

晶振全称为晶体振荡器（英文Crystal Oscillators），石英晶体振荡器是利用石英晶体（二氧化硅的结晶体）的压电效应制成的一种谐振器件，是一种高精度和高稳定度的振荡器，被广泛应用于彩电、计算机、遥控器等各类振荡电路中，以及通信系统中用于频率发生器、为数据处理设备产生时钟信号和为特定系统提供基准信号。

石英晶体振荡器的基本结构大致是从一块石英晶体上按一定方位角切下薄片（简称为晶片，它可以是正方形、矩形或圆形等），在它的两个对应面上涂敷银层作为电极，在每个电极上各焊一根引线接到管脚上，再加上封装外壳就构成了石英晶体谐振器，简称为石英晶体或晶体、晶振。石英晶体化学性能非常稳定，热膨胀系数非常小，其振荡频率也非常稳定，由于控制几何尺寸可以做到很精密，因此，其谐振频率也很准确。在通常工作条件下，普通的晶振频率绝对精度可达百万分之五十，高级的晶振精度更高。

晶振一般用金属外壳封装，也有用玻璃壳、陶瓷或塑料封装的。图6-1-13为各种晶振封装外形。

图6-1-13 常用晶振

晶振提供的是不同频率的振荡信号，因此其参数指标就是频率，比如常用于单片机的晶振为11.0592 MHz，常用于产生标准秒信号的晶振为32.768 kHz。

【晶振使用技巧】

（1）普通晶振使用时无须判断其极性。

（2）晶振起振判断：可采用万用表测量晶体振荡器引脚电压进行判断。

方法：测量晶振两个引脚电压，若为芯片工作电压的一半左右，则表示晶振已经起振。

比如单片机工作电压为+5 V，则晶振引脚间电压应为2.5 V左右。

小资料：

石英晶体的压电效应

若在石英晶体的两个电极上加一电场，晶片就会产生机械变形。反之，若在晶片的两侧施加机械压力，则在晶片相应的方向上将产生电场，这种物理现象称为压电效应。注意，这种效应是可逆的。如果在晶片的两极上加交变电压，晶片就会产生机械振动，同时晶片的机械振动又会产生交变电场。在一般情况下，晶片机械振动的振幅和交变电场的振幅非常微小，但当外加交变电压的频率为某一特定值时，振幅明显加大，比其他频率下的振幅大得多，这种现象称为压电谐振。

2）单片机初步介绍

单片微型计算机简称单片机，是典型的嵌入式微控制器（Microcontroller Unit），常用英文字母的缩写MCU表示单片机，它最早是被用在工业控制领域。一种集成电路芯片，是采用超大规模集成电路技术把具有数据处理能力的中央处理器CPU、随机存储器RAM、只读存储器ROM、多种I/O口和中断系统、定时器/计数器等功能（可能还包括显示驱动电路、脉宽调制电路、模拟多路转换器、A/D转换器等电路）集成到一块硅片上构成的一个小而完善的计算机系统。常用单片机如图6-1-14所示。

图6-1-14　常用单片机

（1）单片机的应用。

目前单片机渗透到我们生活的各个领域，几乎很难找到哪个领域没有单片机的踪迹。导弹的导航装置、飞机上各种仪表的控制、计算机的网络通信与数据传输、工业自动化过程的实时控制和数据处理、广泛使用的各种智能IC卡、民用豪华轿车的安全保障系统、录像机、摄像机、全自动洗衣机的控制、以及程控玩具、电子宠物等等，这些都离不开单片机。更不用说自动控制领域的机器人、智能仪表、医疗器械以及各种智能机械了。因此，单片机的学习、开发与应用将造就一批计算机应用与智能化控制的科学家、工程师。

（2）单片机的分类。

按单片机处理的字长，即每次能够处理的二进制的位数，有4位、8位、16位、32位单片机，位数越多，处理速度越快，运算能力越高，价格也越高。单片机的选用不是位数越多，功能越多就越好，他们各自有自己的应用领域，各有专长。现在应用最广的是8位单片机和32位单片机。8位单片机控制功能较强，品种最为齐全，应用最广，主要应用在工业控制、智能仪表、家用电器、办公自动化等，代表有Intel公司的MCS-51系列、Microchip公司PIC16xx和PIC17XX系列、荷兰Philips公司的80c51系列、Atmel公司的AT89系列（同MCS-51兼容）和Atmel的AVR系列。32位单片机是单片机的顶级产品，具有极高的运算速度。代表产品有Inetel公司的MCS-80960系列、Motorola的M68300系列、ARM系列单片机，主要应用于汽车、航空航天、高级机器人、军事装备等方面。其中ARM单片机占了绝大部分的市场，应用最为广泛。

（3）单片机的常见封装形式，如图6-1-15所示。

图6-1-15　单片机常见封装形式

（4）单片机基本结构。

单片机就是把中央处理单元、存储器、输入/输出端口等，全部放置在一块芯片里（见图6-1-16）。

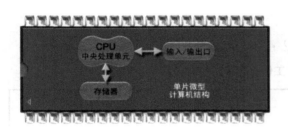

图6-1-16　单片机基本结构

（5）单片机基本电路。

单片机基本电路包括单片机、复位系统、时钟系统以及输入输出系统（见图6-1-17）。

（6）单片机的工作过程。

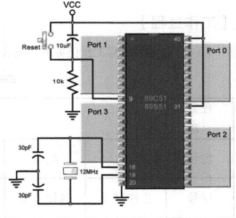

图6-1-17　单片机基本电路

单片机是靠程序运行的，并且可以修改。通过不同的程序实现不同的功能，单片机自动完成赋予它的任务的过程，也就是单片机执行程序的过程。

一个带有单片机的电路系统，必须将程序烧录到单片机芯片中，才能正常工作。程序的烧录可通过专用的烧录器完成，也可通过在线的方式完成程序的烧录。

本电路的程序已经编写好了，本项目只要求进行程序的烧录。关于单片机知识的学习和程序的编写，请通过单片机技术课程进行系统的学习。

2. 基于单片机的摇摇棒电路的工作原理

工作效果：手握电路板，左右摇晃，便可显示相应的图形。

基本工作原理：发光二极管在单片机的控制下作相应的亮灭，在快速的运动下，因人眼的视觉暂留现象，会留下光影，显示出相应的图形。

主要功能电路模块：

$R_1 \sim R_{16}$、D_{16}：显示电路，亮灭的变化可显示出图形。

C_3、R_0：复位电路，使电路上电后，从初始状态开始工作。

Y_1、C_1、C_2：时钟电路，为单片机提供合适频率的振荡信号。

四、摇摇棒电路装配与调试

回顾前面所学的装配与调试技能，完成摇摇棒电路的装配与调试，摇摇棒PCB图如图6-1-18所示。

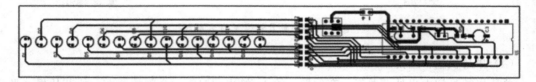

图6-1-18　摇摇棒PCB图

【工作过程】

（1）制定并填写工作任务书（见表6-1-6）。

表6-1-6　工作任务书

任务名称						
组长		组员				
序号	工作环节	具体步骤	工具、材料	预估时间	负责人	注意事项
1						
2						
3						
4						
5						

（2）完成摇摇棒电路原理图绘制（图6-1-19）所示。

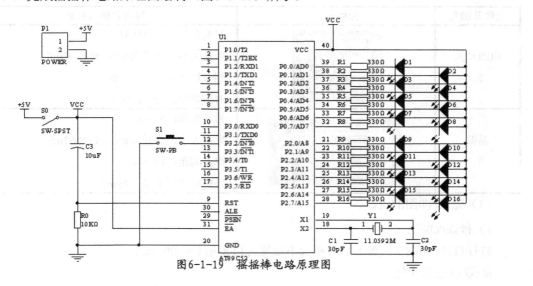

图6-1-19 摇摇棒电路原理图

（3）完成表6-1-7中以下元件封装的创建。

表6-1-7 元件封装列表

元件及编号	元件封装	封装名称与参数
贴片电阻 $R_0 \sim R_{16}$ 贴片电容 C_1、C_2		封装名称：0805 焊盘所处板层：Top Layer 焊盘大小：孔径0 mil X方向尺寸：60 mil，Y方向尺寸：60 mil 焊盘间距：100 mil 外轮廓：围绕焊盘即可
贴片电解电容C_3		封装名称：CAP-SMC 焊盘所处板层：Top Layer 焊盘大小：孔径0 mil X方向尺寸：100 mil，Y方向尺寸：50 mil 焊盘间距：250 mil 外轮廓半径：100 mil
发光二极管 LED_1 $\sim LED_{16}$		封装名称：LED 焊盘大小：孔径30 mil，外径60 mil 焊盘间距：100 mil 外轮廓半径：100 mil

（续表）

元件及编号	元件封装	封装名称与参数
电源开关 S_0		封装名称：SWITCH 焊盘大小：孔径30mil，外径60mil 相邻焊盘间距：100mil 对列焊盘间距：200mil
晶振 Y_1		封装名称：XTAL 焊盘大小：孔径30mil，外径60mil 焊盘间距：100mil 外轮廓圆弧半径：75mil

（4）完成PCB图的设计。

1）抄画PCB图。

自行设计PCB图（选做）。板框大小设置为1400mil×8000mil。

完成PCB板后期处理；

完成基本元器件的识别和检测。

3）贴片电阻的识别和检测。

从给出元件中选择出本电路所用到的贴片电阻元件。

记录电阻R_0的数字标志：＿＿＿＿＿＿＿＿＿；电阻$R_1 \sim R_{16}$的数字标志：＿＿＿＿＿＿＿＿＿＿＿＿＿＿＿＿＿＿＿＿＿＿＿；

根据数字标注确定电阻R_0的标称值：＿＿＿＿＿＿＿＿＿；电阻$R_1 \sim R_{16}$的标称值：＿＿＿＿＿＿＿＿＿＿＿＿＿＿＿＿＿＿。

使用万用表欧姆档测量R_0电阻值：R_0实测值＝＿＿＿＿＿＿＿；测量$R_1 \sim R_{16}$电阻值：＿＿＿＿＿＿＿＿＿＿＿＿＿（任选其中一个，将之定为R_1）R_1实测值＝＿＿＿＿＿＿＿＿；完成$R_1 \sim R_{16}$所有电阻的阻值测量。

（5）贴片电解电容器的识别和检测。

从给出元件中选择出本电路所用到的贴片电解电容。

记录该电容器的标注：C_3标注为：＿＿＿＿；确定该电容器电容量和耐压值：＿＿＿＿＿＿＿＿。

判断出贴片电解电容器的正负极。

（6）发光二极管的识别、检测。

从给出元件中选择出本电路所用到的发光二极管。

判断出发光二极管的正负极。

发光二极管的检测：使用万用表欧姆档测量$LED_1 \sim LED_{16}$的正反向电阻值。（任选其中一个，将之定为LED_1）LED_1正向电阻实测值＝＿＿＿＿＿＿＿；LED_1反向电阻实测值＝＿＿＿＿＿＿＿；完成$LED_1 \sim LED_{16}$所有发光二极管的正反向电阻测量，判断这批LED是否都正常。

（7）晶振的识别。

绘制出晶振的图形符号。

从给出元件中选择出本电路所用到的晶振元件。

绘制出该晶振的外形图。

记录该晶振的标注、确定该晶振的振荡频率。

Y1标注为＿＿＿＿＿＿＿＿＿＿；振荡频率为＿＿＿＿＿＿＿＿。

（8）单片机的认识

从给出元件中选择出本电路所用到的单片机。

记录单片机表面的标注：＿＿＿＿＿＿＿＿。

判断该单片机的封装形式是：＿＿＿＿＿＿和＿＿＿＿＿＿。

绘制出本电路所用单片机的图形符号，标好引脚名称（选做）。

（9）简要阐述基于单片机的摇摇棒电路的工作原理（选做）。

＿＿＿

＿＿＿

＿＿＿

＿＿＿

＿＿＿＿＿＿＿＿＿＿＿＿＿＿＿＿＿＿＿＿＿＿＿＿＿＿＿＿＿＿＿＿＿＿＿＿＿＿＿。

（10）单片机的认识（选做）。

搜索或查阅相关资源，获取更多的关于基于单片机的POV电路的知识。将其中一种不同于本项目电路的POV电路图绘制下来，并简述其工作原理。

POV电路图：

POV电路工作原理简述：

（11）元器件准备。

列出本项目电路[摇摇棒电路]所需元器件的清单（见表6-1-8）。

表6-1-8 元器件清单

元器件名称	元器件在电路中的编号	元器件型号或标称值	数　量

（12）备器材准备：稳压电源、电烙铁、万用表、焊锡、助焊剂、PCB电路板、尖嘴钳、斜口钳、镊子等。

（13）电路装配。

根据电路板的丝印位置，进行试安装。

将各个元件依次安装焊接在PCB电路板上。

对于本任务，你所确定的元件安装次序是：

_____。

安装电池夹，装上3节电池。完成电路装配。

（14）调试并实现电路的基本功能。

电源部分工作正常：不插接单片机芯片，正确接通直流电源（电池夹提供）。

用万用表测U_1与IC座的20脚与40脚间的电压应为5V，实测值为_____V。

实测值与理论值相近，表示电源部分工作正常。

电路功能实现。

断开电源，插入已经烧录了程序的单片机芯片。重新接通电源，观察发光二极管是否被点亮。

手握电路板，快速左右摇晃，观察是否显示相应的图形。

在调试过程中，能否第一次调试就成功实现电路功能？

□ 第一次调试电路就成功实现功能　　　　□ 第一次调试电路不能实现功能

若你是属于第一次调试就成功的，请谈谈你认为你能成功的原因。

_____

若你第一次调试不能实现功能，请检查电路故障，记录相关故障现象，分析故障原因，并进行检修，排除故障，最后实现电路功能。

电路出现的故障现象有：

_____

电路故障发生的原因是：

_____

电路故障的发现和故障原因的分析是你独立完成的，还是在同学帮忙下完成，还是在老师的指引下完成的？

□自己独立完成　　　　　□同学帮忙完成　　　　　□老师指导完成

你是如何排除电路故障的呢？将你的解决方法记录下来。

_____

（15）电路参数测试。

在工作状态下（无须摇动摇摇棒），使用示波器测试U_1的18脚的信号波形，波形记录在图6-1-20中。

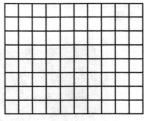

图6-1-20　记录图

根据波形图，在表6-1-9中记录相关数据。

表6-1-9　记录表

电压参数	电压灵敏度	电压峰-峰值格数	电压峰-峰值	电压最大值	电压有效值
时间参数	时间灵敏度	周期格数	周期	频率	

（16）编制摇摇棒电路标准工作指导书（见表6-1-10）。

表6-1-10　工作指导书

标准作业指导书			岗位名称		标准人力	
			版本		标准工时	
项目名称		文件编码		制定日期		页码
				修订日期		工艺级别
NO.	工具及辅料	数量	NO.	物料名称规格	物料号	用量

图示说明：

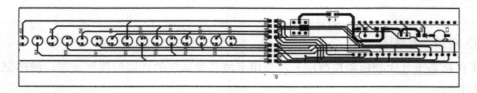

作业步骤：

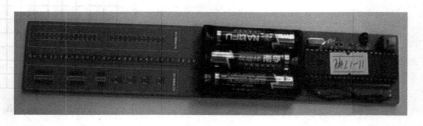

注意事项：

取放产品要求轻拿轻放、检查前站岗位作业是否合格、自检合格后将产品流向下一站

制定：	审核：	核准：	

双色循环灯电路设计与制作

（选学）项目七

知识目标

（1）学会根据工作任务制定工作计划并合理分工，填写工作计划书；

（2）能用Protel DXP 2004绘制双色循环灯电路原理图，完成万能板接线图设计和绘制；

（3）学会分析双色循环灯电路的工作原理，并能用文字或语言表述；

（4）认识新型元器件和常用集成电路，学会元器件识别检测方法，完成元器件检测；

（5）完成双色循环灯电路的装配和调试；填写工作页；

（6）学会阅读工作指引，养成自主学习的好习惯，学会资源共享、取长补短、合作共赢。

任务分解

（1）完成工作计划书；

（2）按照计划书完成各项任务。

学习背景

装饰在城市各个角落的霓虹灯，样式多样、色彩缤纷、闪烁效果各异。本项目将带领大家学习双色循环灯产品的设计、制作和检测过程。

【学习准备】

一、电路原理图

1. 双色循环灯（5灯）电路

5灯电路图如图7-1-1所示。

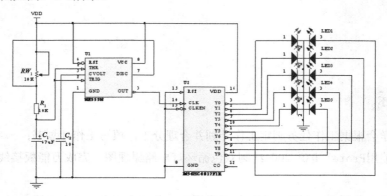

图7-1-1　双色循环灯（5灯）电路图

2. 双色循环灯（10灯）电路

10灯电路如图7-1-2所示。

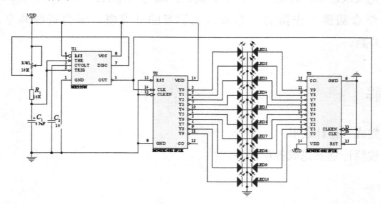

图7-1-2　双色循环灯（10灯）电路图

二、原理图设计流程

设计流程如图7-1-3所示。

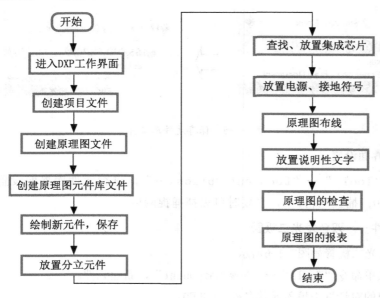

图7-1-3　原理图设计流程

三、原理图元件创建

1. 新建项目文件并命名

新建项目文件：SSXHD.PRJPCB，并保存在桌面以班级序号姓名命名的文件夹中。

操作步骤：

（1）新建项目文件（PCB Project）。

（2）改名、保存。

在Projects面板中单击右键，弹出菜单中选择命令"Save Project"，完成项目文件的保存和重命名。

2. 新建原理图元件库文件并命名

在Projects面板中单击右键，在弹出菜单中选择"Add New to Project"→"Schematic Library"，建立原理图元件库文件（见图7-1-4）。

图7-1-4　创建元件库文件

对Schlib1.Schlib点击右键，选择保存命令Save，命名为MySchlib1.Schlib并保存（见图7-1-5）。

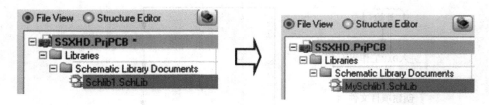

图7-1-5　保存元件库文件

3. 元件库界面设置

选择命令"Tools"→"Document Options…"，进行元件库界面设置：编辑界面尺寸：400×400；捕捉网格：5，必要时可去掉捕捉网格。

4. 新建元件——双色发光二极管

创建双色发光二极管如图7-1-6所示。

（1）选择菜单命令"Tools"→"New Component"，新建元件。

（2）在弹出的对话框中填入元件名称：SSLED。

（3）点击"SCH Library" 按钮，弹出元件库管理工作面板，可看到SSLED元件。

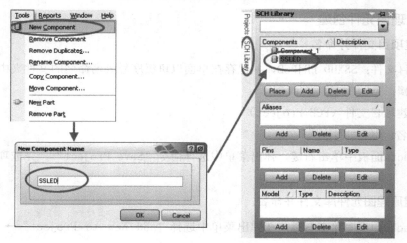

图7-1-6　创建双色发光二极管元件

（4）使用绘图工具绘制双色发光二极管的图形。

点击工具栏 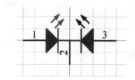 ，在弹出的图标中选择 和 ，绘制图形符号（见图7-1-7）。

图7-1-7　双色发光二极管元件参考

操作提示：绘制表示发光的"箭头"时可去掉捕捉网格。

选择命令"Tools"→"Document Options…"。

（5）放置元件引脚。

点击绘图工具栏中的 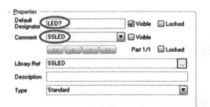 图标，放置元件引脚。在放置引脚状态下，按键盘"Tab"键（或放置引脚后双击该引脚）弹出引脚属性对话框。在放置过程中可按空格键改变管脚的方向。双色发光二极管引脚设置参数如表7-1-1所示。

表7-1-1 双色发光二极管元件引脚设置

引脚	引脚名称	显示效果	引脚号	显示效果	引脚长度
1号引脚	A1	不显示	1	显示	20
2号引脚	K		2		
3号引脚	A2		3		

（6）编辑元件属性。

设置双色发光二极管的默认编号LED?和标注SSLED（见图7-1-8）。

"Description"栏为元件基本信息描述。如可填入"双色发光二极管"。

图7-1-8 双色发光二极管元件编号与标注

5. 保存元件

对MySchlib1.Schlib点击右键，选择保存命令Save，将元件保存在元件库中。

四、绘制电路原理图

（1）新建原理图文件并命名。

在项目文件SSXHD.PRJPCB中新建原理图文件SSXHD.SCHDOC。

（2）装载元件库。

在"Library"工作面板中点击"Libraries…"，弹出对话框中选择"Install…"标签，装载"ST Microelectronics"里面的两个元件库：ST Analog Timer Circuit.IntLib和ST Logic Counter.IntLib（见图7-1-9）。

图7-1-9 加载元件库

（3）放置元件。

根据表7-1-2所列内容找到元件，将之放置在图纸中。

表7-1-2　主要元件及对应元件库

元件名称	所属元件库	元件名称	所属元件库
双色发光二极管SSLED	MySchlib1.Schlib	其他分立元件	Miscellaneous Devices.IntLib
集成定时器电路NE555N	ST Analog Timer Circuit.IntLib	集成计数器4017	ST Logic Counter.IntLib

（4）按图放置信号输入、输出网络及电源、地线符号。

（5）按图连线。

（6）生成各种报表文件。

①生成网络表文件SSXHD.NET。

②生成材料清单文件（*.xls）。

五、创建元件封装

双色循环灯电路有三种元件需要自己创建元件封装。

1.新建元件封装库文件并命名保存

在项目文件SSXHD.PRJPCB中新建元件封装库文件MyPcbLib1.PcbLib。

2.编辑界面设置

选择命令"Tools"→"Library Options…"，进入编辑界面设置对话框，将捕捉网格改为25mil，可视网格Grid1改为100mil、Grid2改为1000mil。

3.显示图层设置

选择命令"Tools"→"Layers & Colors…"，进入图层设置对话框，将"Visible Grid1"可选项勾上。点击"OK"按钮退出对话框。

按击键盘"Page Up"键，放大图纸的显示效果，直到双层网格均合适显示为止。

4.创建元件封装

选择命令"Tools"→"New Component"，创建元件封装（列表见表7-1-3）。

表7-1-3　双色循环灯电路需要自己创建的元件封装列表

元件及编号	元件封装	封装名称与参数
电解电容C_1	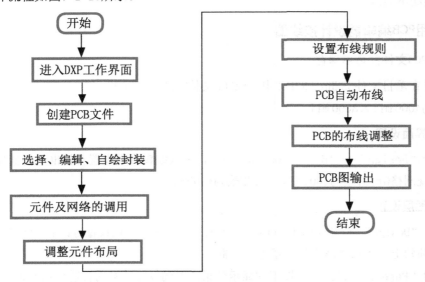	封装名称：RB.1/.2 焊盘大小：孔径30mil；外径60mil 焊盘间距：100mil 外轮廓半径：100mil
电位器R_{w1}		封装名称：RPOT 焊盘大小：孔径40mil；外径80mil 焊盘间距：100mil 注意焊盘的编号依次为① ③ ②
双色发光二极管 LED$_1$～LED$_5$		封装名称：SSLED 焊盘大小：孔径30mil；外径60mil 焊盘间距：100mil 外轮廓半径：150mil 文字高度：40mil

注意：第①号焊盘应落在参考点上。

5．保存元件封装

对MyPcbLib1.PcbLib点击右键，选择保存命令Save，将元件封装保存在元件封装库中。

六、PCB设计流程

设计流程如图7-1-10所示。

开始 → 进入DXP工作界面 → 创建PCB文件 → 选择、编辑、自绘封装 → 元件及网络的调用 → 调整元件布局 → 设置布线规则 → PCB自动布线 → PCB的布线调整 → PCB图输出 → 结束

图7-1-10　PCB设计流程

七、万能板接线图设计要求

在手工装配电路板时，常常需要用到万能接线板，因万能板在结构上有其特殊的一面，因此在使用PCB编辑器设计万能板接线图也有一些特别的要求。

（1）万能板的焊盘孔的间距为0.1 in（100 mil），因此在设置PCB板编辑环境时，应将其可视网格设为100 mil，以模仿万能板的结构。

（2）装配在万能板上的元件一般为针脚式元件，其引脚的间距刚好为100 mil的整数倍，因此应将元件封装焊盘定位在网格线上，不同元件之间的焊盘距离也应该是100 mil的整数倍。为了容易将元件定位，应将捕捉网格设为25 mil或50 mil。

（3）元件封装在布局时，应使不同元件的焊盘尽量处于同一条水平线或垂直线上，使布局均匀合理，避免元件封装在放置时出现参差不齐的现象。

（4）万能板在焊接连线时，一般使用光芯线，而且是顺着焊盘孔进行连接。因此，在设计万能板的布线图时，其布线有以下几个要求：

①布线应该布在可视的网格线上（可视网格线要保证设为100 mil），不能随意脱离网格线，同时要保证横平竖直，即只能按水平和垂直来布线，不能斜着走。

②因万能板本身结构的限制，线路只能布在同一列或同一行上的焊盘，相邻的两个焊盘不能再走线路，因此在设计布线时，其线路间距不能小于100 mil，应为100 mil的整数倍。

③因万能板使用光芯线焊接连线，其线路粗细由光芯线决定，因此在设计线路时，线宽无须再考虑，按默认的10 mil即可。

④万能板一般为单面有焊盘，因此在设计线路时，一般应设计为单面板（布线层为底层）。但由于万能板自身结构的限制，布线空间较小，必要时可采取跳线的方式进行双面布线，当然，跳线不能过多。

八、使用PCB编辑器设计接线图

1．新建PCB文件并命名保存

利用向导在项目文件SSXHD. PRJPCB中生成PCB文件SSXHD. PCBDOC。

板框设为4000 mil×3000 mil。

2．编辑界面设置

选择命令"Design"→"Board Options…"，进入编辑界面设置对话框，将捕捉网格改为25mil，可视网格Grid1改为100 mil、Grid2改为1000 mil。

3．显示图层设置

选择命令"Design"→"Board Layers & Colors…"，进入图层设置对话框，将"Visibale Grid1"可选项勾上。点击"OK"按钮退出对话框。

按击键盘"Page Up"键，放大图纸的显示效果，直到双层网格均合适显示为止。

4．PCB原点设置

选择命令"Edit"→"Origin"→"Set"，然后光标移到板框左下角，点击鼠标左键，确定PCB原点。

5．原理图元件设置封装

打开原理图文件SSXHD．SCHDOC。按表7-1-5进行封装的选择或设置。

表7-1-5 双色循环灯电路元件设置封装列表

元件名称	编号	封装名称	元件名称	编号	封装名称
电阻	R_1	AXIAL-0.3	电位器	R_{W1}	RPOT
电解电容	C_1	RB.1/.2	瓷片电容	C_2	RAD-0.1
集成定时器555	U_1	DIP-8	集成计数器 4017	U_2	DIP-16
双色发光二极管	$LED_1 \sim LED_5$	SSLED			

6．载入元件和网络

在原理图界面，选择命令："Design"→"Update PCB Document WYDY．PcbDoc"，将元件封装和网络装载到PCB板图中（见图7-1-11）。

图7-1-11　加载元件与网络效果

7. 元件布局

元件布局效果参考如图7-1-12所示。

8. 手工布线

手工布线参考如图7-1-13所示。

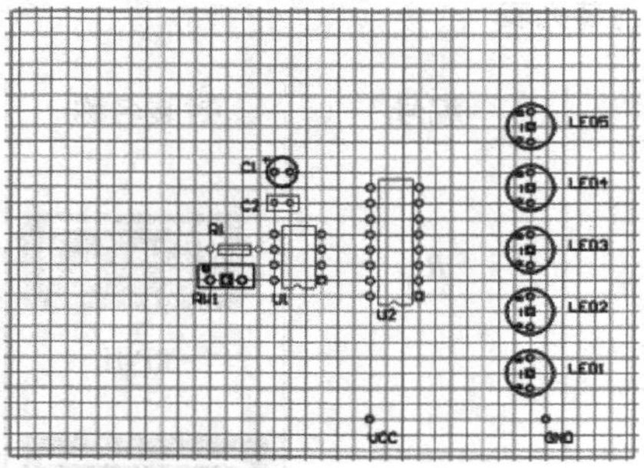

图7-1-12 布局效果

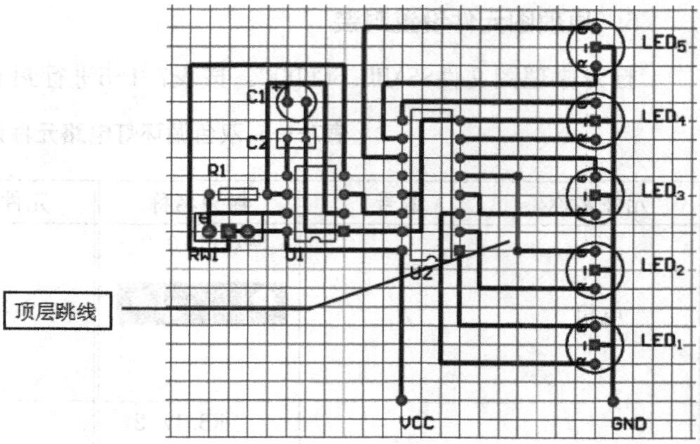

顶层跳线

图7-1-13 手工布线参考

九、新型元器件介绍

1. 双色发光二极管（双色LED）

双色发光二极管是一种新型的发光器件，通过加上适当的电压偏置，可以发出两种颜色的光线。通常有红蓝、红绿、红黄、黄蓝等颜色组合。

双色发光二极管实质就是将两个发光二极管芯片做在一个管体里，将原来两个发光二极管同一极性的两个引脚连在一起构成公共端。因此双色发光二极管有三个管脚，且形成共阴极和共阳极两种结构类型。

共阴极双色发光二极管的公共端引脚为阴极，另外两个引脚均为阳极，使用时阴极接电源负极，通过两个阳极可单独控制双色LED发出不同颜色的光。

共阴极双色发光二极管的图形符号和外形如图7-1-14所示。

图7-1-14 共阴极双色发光二极管

共阳极双色发光二极管的公共端引脚为阳极，另外两个引脚均为阴极，使用时阳极接电源正极，通过两个阴极可单独控制双色LED发出不同颜色的光。

共阳极双色发光二极管的图形符号和外形如图7-1-15所示。

图7-1-15 共阳极双色发光二极管

小资料：

三色发光二极管（三色LED）

三色发光二极管的工艺原理与双色发光二极管类似，可以发出红、蓝、绿三种颜色。三色发光二极管具有四个管脚，常见为共阳极结构，其最长的那个管脚便是阳极，其余管脚均为阴极。

---

2. 双色发光二极管的检测

双色发光二极管具有两种结构类型，因此在选用时需要对它进行检测。使用指针式万用表可以很方便检测出双色发光二极管的类型，方法如下：

（1）选择欧姆挡的 $R \times 10\text{k}$ 挡位；

（2）使用红黑表笔两两测量双色LED的三个管脚，可发现只有两种情况下万用表的指针才会偏转，其中跟这两次都有关系的管脚就是公共端（注：一般为中间的那个管脚）；

（3）若该公共端接的是万用表的红表笔，则为共阴极双色发光二极管；

若该公共端接的是万用表的黑表笔，则为共阳极双色发光二极管。

小资料：

生产厂家在制造双色发光二极管时，对其公共端引脚的长短没有定义一个统一的标准，一般来说，最长的引脚或最短的引脚均有可能是公共端引脚（一般位于中间），但并不能以此判断出是共阴极还是共阳极，因此还是必须要借助万用表进行检测，以确定其正确的类型。

十、常用集成电路介绍

1. 555定时器

1）简介

555定时器（又称555时基电路）是一个模拟与数字混合型的集成电路，因集成电路内部含有三个5 k Ω电阻而得名。一般用双极性工艺制作的称为555，用CMOS工艺制作的称为7555。

利用555定时器可以构成施密特触发器、单稳态触发器和多谐振荡器。555定时器（见图7-1-16）可以完成脉冲信号的产生、定时和整形等功能。因而在控制、定时、检测、仿声、报警等方面有着广泛应用。因其功能强大、用途广泛，备受电子专业人员和电子爱好者青睐，被称为"伟大的小芯片"。

图7-1-16　555定时器

555定时器的封装外形主要有两种，一种是8脚双列直插式封装（DIP-8），另一种是8脚圆形TO-99型封装（见图7-1-17），常用为DIP-8封装。

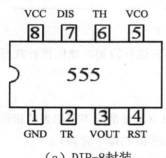

（a）DIP-8封装

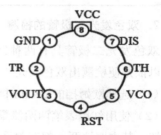

（b）TO-99封装

图7-1-17　555定时器常见封装

2）555定时器引脚和功能表

555定时器具有8个引脚，在电路原理图中常按如图所示的图形符号进行绘制。

各引脚功能如下：

1脚（GND）：外接电源负端或接地，一般情况下接地。

8脚（VCC）：外接电源VCC，一般用5 V～15 V。

3脚（VOUT）：输出端。

2脚（TR）：低触发端。

6脚（TH）：高触发端。

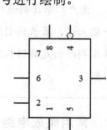

4脚（RST）：直接清零端。该端接低电平时，定时器输出为"0"，该端不用时应接高电平。

5脚（VCO）：控制电压端。若此端外接电压，则可改变内部两个比较器的基准电压，当该端不用时，应将该端串入一只0.01 μF电容接地，以防引入干扰。

7脚（DIS）：放电端。与定时器内部放电管集电极相连，用做定时器时给电容提供放电通路。

表7-1-6　555定时器功能表

阀值输入TH（高触发端）	触发输入TR（低触发端）	复位RST（清零端）	放电管 VT	输出 VOUT	功能
x	x	0	导通	0	直接清零
$>\dfrac{2}{3}VCC$	$>\dfrac{1}{3}VCC$	1	导通	0	置0
$<\dfrac{2}{3}VCC$	$<\dfrac{1}{3}VCC$	1	截止	1	置1
$<\dfrac{2}{3}VCC$	$>\dfrac{1}{3}VCC$	1	不变	不变	保持

3）双极型555定时器的检测

对于555集成电路，可用万用表测量其各引脚与1号引脚之间的电阻值，以判断其质量好坏。

检测时，将指针式万用表置于欧姆挡R×1k挡，用红黑表笔分别接触555所测引脚，将所测结果与表7-1-7比较。

表7-1-7　双极型NE555各引脚间实测电阻值（参考值）

红表笔所接引脚	8	1	7	1	6	1	5	1	4	1	3	1	2	1
黑表笔所接引脚	1	8	1	7	1	6	1	5	1	4	1	3	1	2
电阻值（kΩ）	4.6	15	4.9	∞	∞	43	7	11	5.5	∞	5	23	6	∞

小资料：

不同厂家生产的555，允许测量误差为8%。

对于新买进的555器件，可重点测量3脚对1脚及8脚对1脚的电阻值是否正常。

4）使用555定时器组成多谐振荡器

在很多应用场合尤其是数字电路中，常常要用到脉冲信号。因此需要组成一个脉冲发生器，为后续电路提供所需的脉冲。多谐振荡器就是一种能够提供数字脉冲的电路，它属于一种自激振荡电路，能够自发地输出方波或矩形波，即脉冲信号。由于矩形波中含有丰富的谐波分量，多谐振荡电路因而得名。

使用555定时器很容易就组成多谐振荡器，形成一个脉冲发生电路，为其他电路提供一个性能优良的脉冲信号。由555定时器组成的多谐振荡器如图7-1-18。

该电路能够产生脉冲波形的基本原理如下：

R_1、R_2、C_1形成充电支路。在初始状态下，VCC通过R_1、R_2对C_1充电，在这个期间，555输出端（3）脚的输出Uo为高电平1；

C_1、R_2形成放电支路。当C_1充电电压值增大至VCC的三分之二时，内部放电管VT导通，C_1通过R_2放电，这个期间，555输出U。为低电平0；

当C_1放电电压值降低至VCC的三分之一时，内部放电管VT截止，VCC又通过R_1、R_2对C_1充电，此时U。又为高电平1。依此反复，在555输出端不断地交替输出高低电平，即输出脉冲信号。

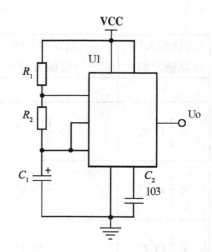

图7-1-18　555定时器组成多谐振荡器

由上述分析可知，脉冲信号的周期和频率是由充放电时间决定的。

充电时间：$t_1 \approx 0.7(R_1 + R_2)C_1$

放电时间：$t_2 \approx 0.7R_2C_1$

脉周期：$T = t_1 + t_2 \approx 0.7(R_1 + 2R_2)C_1$

脉冲频率：$f = \dfrac{1}{T} \approx \dfrac{1.4}{(R_1 + 2R_2)C_1}$

因此，只要改变R_1、R_2、C_1这三个元件参数，便可改变脉冲的频率。在实际应用中，常常将R_1换为电位器RW（或在R_1基础上串联上一个电位器），通过调节电位器R_W，来改变输出脉冲的频率大小。

2. 集成计数器CD4017

1）CD4017

CD4017属于数字集成电路，是一种十进制计数器/脉冲分配器，因其特有的性能也被称为约翰逊计数器（Johnson Counter）。CD4017的应用也相当广泛，在一些控制、定时、显示电路中经常可以见到它的身影。

CD4017的内部由计数器及译码器两部分组成，由译码输出实现对脉冲信号的分配，整个输出时序就是十个输出端Q0、Q1、Q2、…、Q9依次出现与时钟信号CP同步的高电平。

CD4017的封装形式常见为16脚双列直插式封装（DIP-16），也有贴片封装（SOP-16）。

图7-1-19　CD4017封装图

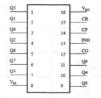

图7-1-20　CD4017引脚

2）CD4017引脚和功能表

CD4017具有16个引脚（见图7-1-20），在电路原理图中常按图7-1-21的图形符号进行绘制。

各引脚功能如下：

VDD（16）——电源端。一般接+5 V。

GND（8）——接地端。

CR（15）——清零端。当CR为高电平1时，只有Q0输出高电平1，其余各输出端均为低电平0。

CP（14）——时钟输入端。时钟脉冲信号由此端输入，为上升沿触发。

INH（13）——禁止端/下降沿时钟输入端。当时钟脉冲由CP端（14脚）进入CD4017进行计数时，INH端应设为低电平，若INH为高电平，输出端各状态将被锁定。INH端也可作为时钟脉冲输入端，其触发边沿为下降沿。

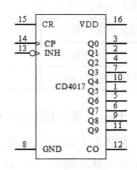

图7-1-21　CD4017引脚功能

CO（12）——进位端。在每10个时钟输入周期，CO端输出一个进位脉冲CO，可用作多级计数链的下级时钟脉冲信号。

Q0～Q9——计数脉冲输出端。在时钟脉冲信号CP的不断输入下，Q0～Q9依次输出高电平。在每个脉冲时序，有且只有一个输出端为高电平，其余端均为低电平。真值表，功能表如图7-1-8、图7-1-9所示。

表7-1-8　CD4017真值表

输入			输出	
CP	INH	CR	Q0～Q9	
×	×	1	Q0	计数脉冲为Q0～Q4
↑	0	0	计数	时：CO=1
1	↓	0		
0	×	0	保持	计数脉冲为Q5～Q9
×	1	0		时：CO=0
↓	×	0		
×	↑	0		

表7-1-9　CD4017计数功能表（CR=0，INH=0）

CP	Q0	Q1	Q2	Q3	Q4	Q5	Q6	Q7	Q8	Q9
0（脉冲未输入）	1	0	0	0	0	0	0	0	0	0
第1个脉冲输入	0	1	0	0	0	0	0	0	0	0
第2个脉冲输入	0	0	1	0	0	0	0	0	0	0
第3个脉冲输入	0	0	0	1	0	0	0	0	0	0
第4个脉冲输入	0	0	0	0	1	0	0	0	0	0
第5个脉冲输入	0	0	0	0	0	1	0	0	0	0
第6个脉冲输入	0	0	0	0	0	0	1	0	0	0
第7个脉冲输入	0	0	0	0	0	0	0	1	0	0
第8个脉冲输入	0	0	0	0	0	0	0	0	1	0
第9个脉冲输入	0	0	0	0	0	0	0	0	0	1
第10个脉冲输入	1	0	0	0	0	0	0	0	0	0

十一、双色循环灯（5灯）电路的工作原理

如图7-1-22所示，双色循环灯电路由两部分组成，555定时器组成的多谐振荡器为CD4017提供时钟脉冲信号。CD4017在连续脉冲作用下，其输出端Q0～Q9依次输出高电平，从而驱动双色发光二极管发光。

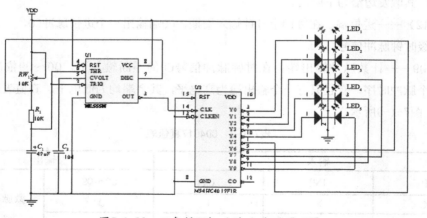

图7-1-22　双色循环灯（5灯）电路原理图

时钟脉冲信号的频率由R_{W1}、R_1和C_1决定，调节R_{W1}，可以改变时钟脉冲的频率，从而改变双色发光二极管闪烁的速度。

5只双色循环灯按图7-1-22的接法，其显示的效果为：按LED_1～LED_5的顺序依次发出红光，接着同样按LED_1～LED_5的顺序依次发出绿光，周而复始。

【学习任务实施】

（1）制定并填写工作任务书（见表7-1-10）。

表7-1-10　任务书

任务名称						
组长		组员				
序号	工作环节	具体步骤	工具、材料	预估时间	负责人	注意事项
1						
2						
3						
4						
5						

（2）双色循环灯电路原理图的绘制。

①读图：根据原理图，填写元器件清单表（见表7-1-11）。

表7-1-11　元器件清样单

元器件编号	名称	元件库中名称符号	标注	元器件参数或型号	元器件封装名称或图形	所属元件库
C_1						
C_2						
$LED_1 \sim LED_5$						
$LED_1 \sim LED_{10}$						
R_1						
R_{W1}						
U1						
U2						
U3						

②完成双色发光二极管的元件符号绘制

A.根据教师演示和小组探讨，确定双色发光二极管的类型和各引脚属性，填表7-1-12。

表7-1-12　引脚属性

引脚号	1	2	3
极性			
颜色			

B.根据【学习准备】，完成双色发光二极管的元件符号绘制。

③完成双色循环灯电路原理图绘制。

根据【学习准备】，完成双色循环灯电路原理图绘制（5灯或10灯）

（3）万能板接线图的设计与绘制。

①完成元件封装的创建。

根据【学习准备】，完成以下元件封装的创建（见表7-1-13）。

表7-1-13　封装

元件及编号	元件封装	封装名称与参数
电解电容C_1		封装名称：RB.1/.2； 焊盘大小：孔径30 mil，外径60 mil； 焊盘间距：100 mil；外轮廓半径：100 mil
电位器R_{W1}		封装名称：RPOT； 焊盘大小：孔径40 mil，外径80 mil； 焊盘间距：100 mil；外轮廓半径：宽400 mil　高150 mil
双色发光二极管 LED$_1$～LED$_5$		封装名称：SSLED； 焊盘大小：孔径30 mil，外径60 mil； 焊盘间距：100 mil；外轮廓半径：150 mil； 文字高度：40 mil

②完成万能板接线图的设计和绘制。

根据【学习准备】，完成5灯或10灯万能板接线图的设计，并将接线图绘制在下方。

（空白方格图）

（4）元器件的识别和检测。

①完成基本元器件的识别和检测（见表7-1-14）。

表7-1-14　识别和检测表

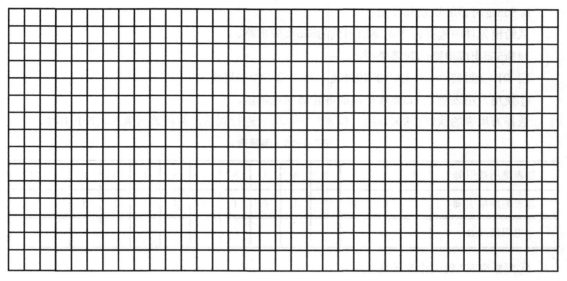

元器件	识别及检测内容				好坏判定
电阻器	标号	色环	标称值（含误差）	实测值	
	R_1				
电位器	标号	标注	标称值	实测最大调节值	
	R_{W1}				
电容	标号	标注	容量值(μF)/耐压值（V）		
	C_1				
	C_2				
双色发光二极管	标号		实测值	测量挡位	
	$LED_1 \sim LED_5$	红	正向电阻		
			反向电阻		
		绿	正向电阻		
			反向电阻		
	共阴（图形符号）		共阳（图形符号）		

②完成555定时器的识别和检测。

A. 绘制555定时器的图形符号，并标注好引脚名称。

B. 555定时器的识别和检测

从给出元件中选择出本电路所用到的555集成电路。

判断555集成电路的封装类型：

☐ DIP-8封装　　　　☐ TO-99封装　　　　☐ SOP-8封装

③使用万用表测量555集成电路的各管脚间电阻值。

选择万用表的欧姆挡R×1k挡，按表7-1-15所示进行测量，并将数据填入表7-1-15中。

表7-1-15　测量表

红表笔所接引脚	8	1	7	1	6	1	5	1	4	1	3	1	2	1
黑表笔所接引脚	1	8	1	7	1	6	1	5	1	4	1	3	1	2
电阻值/kΩ														

④判断NE555集成电路的质量好坏。

将上述结果与学习准备中提供的NE555参考测量值进行比较，可得出你所检测的NE555集成电路的质量：　　　　　　☐ 比较好　　　　　　☐ 比较差

⑤完成计数器CD4017的识别和检测。

A. 绘制CD4017的图形符号，并标注好引脚名称。

B. CD4017的识别。

从给出元件中选择出本电路所用到的CD4017集成电路。

判断CD4017集成电路的封装类型：

☐ DIP-16封装　　　　☐ SIP-16封装　　　　☐ SOP-16封装

⑥将CD4017的真值表补充完毕（见表7-1-16）。

表7-1-16　真值表

输入			输出	
CP	INH	CR	Q0~Q9	CO
×	×	1		
	0	0		
	↓	0		
×	×	0		
	1	0		
×	×	0		
↑		0		

⑦将CD4017的计数功能表补充完毕（见表7-1-17）。

表7-1-17　计数功能表

CP	Q0	Q1	Q2	Q3	Q4	Q5	Q6	Q7	Q8	Q9
0（脉冲未输入）										
第1个脉冲输入										
第2个脉冲输入										
第3个脉冲输入										
第4个脉冲输入										
第5个脉冲输入										
第6个脉冲输入										
第7个脉冲输入										
第8个脉冲输入										
第9个脉冲输入										
第10个脉冲输入										

（5）电路装配。

①根据设计出来的电路接线图（或参考接线图），进行试安装。

②将各个元件依次安装焊接在万能电路板上。

对于本任务，你所确定的元件安装次序是：

_____

③根据设计出来的焊接面接线图（或参考接线图），焊接光芯线，完成电路装配。

（6）调试并实现电路的基本功能。

①电源部分工作正常：不插接集成芯片，正确连接+5 V直流电源。

用万用表 测U1 IC座的8脚与1脚间的电压应为5V，实测值为_____V；

测U2 IC座的16脚与8脚间的电压应为5V，实测值为_____V。

测U3 IC座的16脚与8脚间的电压应为5V，实测值为_____V。（10灯必做）

如实测值与理论值相近，表示电源部分工作正常，继续按操作进行。否则，检修电路。

②电路功能实现。

断开电源，插入芯片NE555、CD4017。重新接入+5V直流电源，观察电路能否实现电路功能：按$LED_1 \sim LED_5$（LED_{10}）顺序依次发出红光，接着再按$LED_1 \sim LED_5$（LED_{10}）顺序依次发出绿光，周而复始？

电路的实际显示效果：_____。

在调试过程中，能否第一次调试就成功实现电路功能？

□ 第一次调试电路就成功实现功能 _____□ 第一次调试电路不能实现功能

若你是属于第一次调试就成功的，请谈谈你认为你能成功的原因。

_____。

若你第一次调试不能实现功能，请检查电路故障，记录相关故障现象，分析故障原因，并进行检修，排除故障，最后实现电路功能。

电路出现的故障现象有：

_____。

电路故障发生的原因是：

_____。

电路故障的发现和故障原因的分析是你独立完成的，还是在同学帮忙下完成，还是在老师的指引下完成的？

□自己独立完成　　　　□同学帮忙完成　　　　□老师指导完成

你是如何排除电路故障的呢？将你的解决方法记录下来。

_____。

要改变双色发光二极管的循环闪烁速度，你认为应该调节哪个元件？请尝试操作，并记录下你的观测情况。

_____。

（7）简要阐述双色循环灯（5灯或10灯）电路的工作原理。

（8）电路改造设计（选做）。

若本电路作如下要求：显示的效果为按LED_1～LED_5的顺序依次发出红光，接着按LED_5～LED_1的顺序依次发出绿光，周而复始。应如何进行改造设计？试画出电路原理图。

（9）电路参数计算（选做）。

根据电路参数（R_{W1}、R_1、C_1），计算本电路时钟脉冲的周期和频率的最大值和最小值。

周期最大值：_____；　周期最小值：_____；

频率最大值：_____；　频率最小值：_____。

（10）电路参数测试（选做）。

将双色发光二极管的循环亮灭速度调至最慢。此时记录2分钟（120秒）内所有双色LED闪烁变化次数的总和（两种颜色的闪烁变化均要计算在内）。

循环闪烁总数 N＝_____次。

则可计算出：时钟脉冲的周期 T＝_____s；　时钟脉冲的频率 f＝_____Hz。

对比测量值和理论值，两者是否有偏差？若有偏差，你认为其主要原因是什么？

_____。

（11）知识拓展。

借助网络、书等资料查找类似功能的电路，并抄画其中的一个电路图。

（选学）项目八 基于单片机的数字钟的设计与制作

知识目标

（1）学会"基于单片机的数字钟"电路的结构框图、知道各个模块的结构与原理；

（2）熟悉新型集成电路和器件，并能熟练使用，能简单阐述电路原理；

（3）学会分析数字钟电路的工作原理，初步认识单片机；

（4）学会元器件识别检测方法，完成元器件的检测；

（5）完成数字钟电路的装配和调试，填写工艺表和工作页；

（6）学会阅读工作指引，养成自主学习的好习惯，学会资源共享、取长补短、合作共赢。

任务分解

（1）学习基于单片机的数字钟的电路结构与原理；

（2）设计基于单片机的数字钟电路PCB图；

（3）完成单片机的数字钟电路的装配与调试。

现实生活中，钟表是人们必不可少的生活用品，广泛用于个人家庭以及车站、码头、银行、办公室等公共场所。随着电子技术的发展，钟表得以数字化，功能也得到扩展。本项目通过设计与制作一款基于单片机并能显示温度的数字化时钟，让大家了解现代时钟的特点。

任务一 基于单片机的数字钟的电路结构与原理

【学习目标】

（1）学会"基于单片机的数字钟"电路的结构框图、知道各个模块的结构与原理；

（2）熟悉新型集成电路和器件，并能熟练使用；

（3）能简单阐述电路原理。

一、基于单片机的数字钟的电路结构

1. 电路原理图

基于单片机的数字钟电路的电路原理图如图8-1-1所示。

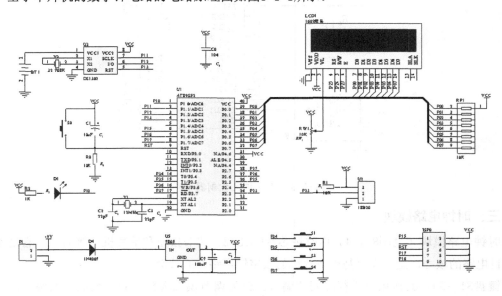

图8-1-1 基于单片机的数字钟电路的电路原理图

2. 电路框图

电路的主要结构框图如图8-1-2所示。

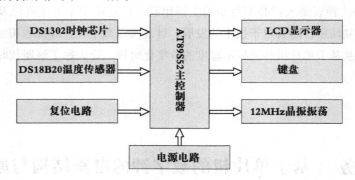

图8-1-2　基于单片机的数字钟电路的电路框图

二、单片机主控制器电路

单片机主控制器电路（见图8-1-3）由单片机AT89S52、时钟电路和复位电路组成。

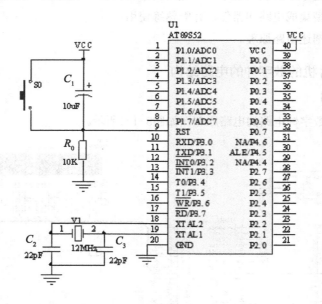

图8-1-3　单片机主控制器电路

三、时钟电路模块

时钟电路模块（见图8-1-4）由时钟芯片DS1302、调节按钮和单片机连接而成。它是本工作项目电路的核心，是实现"基于单片机的数字钟电路"的关键。

键盘S1～S4，其作用是进行时间的调节。S1为调节模式选择，S2为数值增大调节，S3为数值减少调节，S4为退出调节模式。

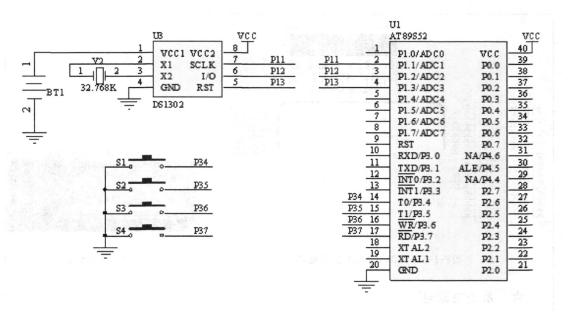

图8-1-4　时钟电路模块

四、温度采集电路模块

温度采集电路模块（见图8-1-5）由温度传感器DS18B20和单片机连接而成。采集温度信号并显示是本电路的一个扩展功能，由数字式温度传感器DS18B20实现。

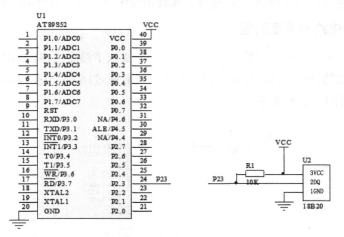

图8-1-5　温度采集电路模块

五、LCD1602液晶显示电路

本工作项目电路采用1602液晶显示器进行时钟、温度显示。显示电路（见图8-1-6）由1602液晶、排阻和单片机连接而成。

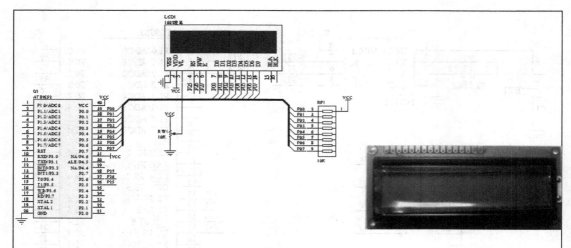

图8-1-6　LCD1602液晶显示电路　　　　　图8-1-7　LCD1602液晶

六、系统电源电路

本工作项目的系统电源电路（见图8-1-8）主要由三端稳压器7805组成。

外部输入电源（+9 V或+12 V）通过稳压器后，稳定输出+5 V电压，作为系统电源供电给各个模块电路。二极管1N4007串接在电路中，可起到电路保护作用，防止电源接反时引起电路故障，另外还起到电源电压降压的作用，减少三端稳压器因输入输出压降过大造成的发热损耗。

发光二极管通过I/O端口与单片机连接，实现由程序控制的电源指示灯效果。

七、数字钟电路的简要原理

系统上电后，单片机在程序的作用下正常工作，读取了温度传感器DS18B20的温度信息以及时钟电路DS1302的时间信息，进行一定的处理，最后通过1602LCD液晶显示器显示出来。键盘S1~S4可进行时间参数的设置。

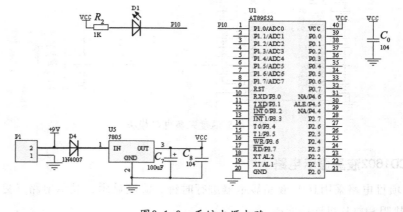

图8-1-8　系统电源电路

任务二 基于单片机的数字钟电路的设计

【学习目标】

（1）完成数字钟电路原理图的绘制；

（2）完成数字钟电路PCB图的设计与绘制。

一、电路板设计的基本流程

使用Protel DXP2004进行电路板设计的基本流程如图8-2-1所示。

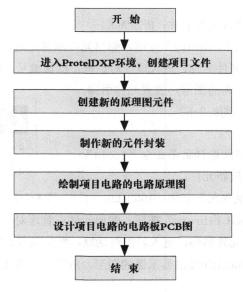

图8-2-1 电路板设计的基本流程

二、创建项目文件

创建项目文件：CLOCK.PRJPCB，并保存在相应的文件夹中（见图8-2-2）。

图8-2-2 创建项目文件

图8-2-3 创建原理图元件库文件

三、创建原理图元件

在绘制原理图之前，先要明确电路图中的元件能否直接从ProtelDXP元件库中调用。本电路中，有两个元器件（1602LCD和排阻RP1）系统的元件库中不存在，因此，应先创建这些元件。

（1）新建原理图元件库文件并命名（见图8-2-3）。

（2）新建元件。

创建第一个元件——排阻（见图8-2-4），并命名为RESPACK。

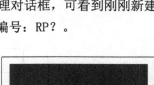

图8-2-4　需创建的元件—排阻

操作步骤：

①选择菜单命令"Tools"→"New Component"，新建元件。

②在弹出的对话框中填入元件名称：RESPACK。

③点击屏幕左边的"SCH Library"按钮，弹出元件库管理对话框，可看到刚刚新建的RESPACK元件的名称；双击元件名称，进入属性对话框，默认编号：RP？。

④使用绘图工具绘制排阻的图形，放置元件引脚。

（3）新建其他元件（见图8-2-5）。

操作步骤：

①在当前编辑界面，继续选择菜单命令"Tools"→"New Component"，创建新元件。

②在弹出的对话框中填入元件名称：1602LCD；

图8-2-5　需创建的元件—1602LCD

③点击屏幕左边的"SCH Library"按钮，弹出元件库管理对话框，可看到刚刚新建的1602LCD元件的名称；双击元件名称，进入属性对话框，默认编号：LCD？

④使用绘图工具绘制1602LCD液晶显示器的图形，放置元件引脚。

（4）保存元件。

对MySchlib1.Schlib点击右键，选择保存命令"Save"，将元件保存在元件库中。

四、创建新的元件封装

在设计电路板之前，先要明确电路中的元件封装能否直接从ProtelDXP元件封装库中调用。本电路中有6个元器件（按钮、备用电池座、电位器、12M晶振、电解电容以及发光二极管）的实物与系统元件库中的封装不匹配，因此应先按实物创建这些元件封装。

元件封装创建之后，可以方便在原理图中进行"Footprint"设置。

（1）新建元件封装库文件并命名保存。

在项目文件CLOCK.PRJPCB中新建元件封装库文件MyPcbLib1.PcbLib（见图8-2-6）。

（2）进行编辑界面设置。

（3）创建元件封装。

选择命令"Tools"→"New Component"，创建元件封装（见表8-1-1）。

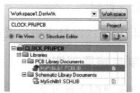

图8-2-6　创建封装库文件

表8-1-1　元件封装列表

元件及编号	元件封装	封装名称与参数
电解电容		封装名称：RB.1/.2；焊盘大小：孔径30mil，外径60mil；焊盘间距：100mil；外轮廓半径：100mil
电位器		封装名称：RPOT；焊盘大小：孔径40mil，外径80mil；焊盘间距：100mil；注意焊盘的编号依次为① ③ ②
发光二极管		封装名称：LED；焊盘大小：孔径30mil，外径60mil；焊盘间距：100mil；外轮廓半径：100mil
按钮开关		封装名称：BUTTON；焊盘大小：孔径30mil，外径60mil；焊盘间距：水平300mil、垂直200mil；注意焊盘的编号仅为① ②
晶振		封装名称：XTAL；焊盘大小：孔径30mil，外径60mil；焊盘间距：200mil
纽扣电池座		封装名称：BT；焊盘大小：孔径40mil，外径80mil；焊盘间距：800mil

注：第①号焊盘应落在参考点上。

（4）保存元件封装。

对MyPcbLib1.PcbLib点击右键，选择命令"Save"，将元件封装保存在元件封装库中。

五、绘制电路原理图

（1）新建原理图文件并命名。

在项目文件CLOCK.PRJPCB中新建原理图文件CLOCK.SCHDOC（图8-2-7）。

（2）装载元件库。

在"Library"对话框中点击 Libraries → Install ，装载文件夹"ST Microelectronics"里面的三个元件库："Dallas Microcontroller 8-Bit"、"Dallas Sensor Temperature Sensor"和"Dallas Peripheral Real Time Clock"，以及文件夹"Motorola"里面的"Motorola Power Mgt Voltage Regulator"（见图8-2-8）。

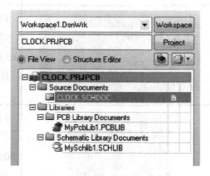

图8-2-7　创建原理图文

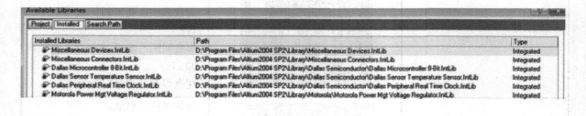

图8-2-8　加载元件库

（3）放置元件。

根据所在元件库找到元件，将之放置在图纸中。并按元件列表进行参数和封装设置（见表8-1-2）。

表8-1-2 元件设置封装列表

元件类别	库中元件名 Library Ref	编号 Designer	参数 Comment	封装名称 Footprint	所属元件库 Library
电阻	Res2	$R_0 \sim R_1$	10k	AXIAL-0.3	Miscellaneous Devices
		R_2	1k		
瓷片电容	CAP	C_0	104	RAD-0.1	
		$C_2 \sim C_3$	22pF		
		C_8	104		
电解电容	Cap Pol1	C_1	10μF	RB.1/.2	
		C_7	100μF		
二极管	Diode	D_4	1N4007	DIODE-0.4	
发光二极管	LED0	D_1		LED	
电位器	RPot	R_{W1}	10k	RPOT	
晶振	XTAL	Y_1	12M	XTAL	
		Y_2	32.768K	RAD-0.1	
按钮	SW-PB	$S_0 \sim S_4$		BUTTON	
电池	Battery	BT_1	3V	BT	
三端稳压器	MC7805BT	U_5	7805	221A-04	Motorola Power Mgt Voltage Regulator
温度传感器	DS1820	U_2	DS18B20	PR35	Dallas Sensor Temperature Sensor
时钟电路	DS1302	U_3	DS1302	DIP8	Dallas Peripheral Real Time Clock
单片机	DS87C520-WCL	U_1	AT89S52	DIP40B	Dallas icrocontroller 8-Bit
电源端子	Header 2	P_1		HDR1X2	Miscellaneous Connectors
排阻	RESPACK	RP_1	10k	HDR1X9	MySchlib1. SCHLIB

（4）按图放置信号输入、输出网络及电源、地线符号。

（5）按图连线。

（6）生成各种报表文件。

①生成网络表文件CLOCK.NET。

②生成材料清单文件（*.xls）。

六、设计数字钟电路PCB图

（1）新建PCB文件并命名保存。

利用向导在项目文件CLOCK.PRJPCB中生成PCB文件CLOCK.PCBDOC。

在向导引导过程中将板框设为：4000 mil×3000 mil。生成PCB1.PCBDOC后（见图8-2-9），将之拖入CLOCK.PRJPCB项目中，改名：CLOCK.PCBDOC（见图8-2-10）。

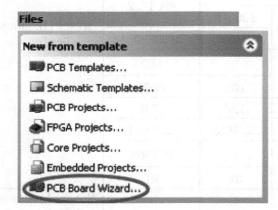

图8-2-9　新建PCB文件1

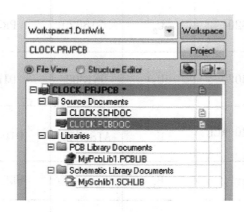

图8-2-10　新建PCB文件2

（2）载入元件和网络。

在原理图界面，选择命令："Design"→"Update PCB Document CLOCK.PCBDOC"，将元件封装和网络装载到PCB板图中（见图8-2-11）。

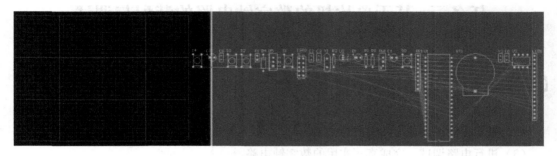

图8-2-14 元件与网络加载效果

（3）进行元件布局。

布局参考如图8-2-12所示。

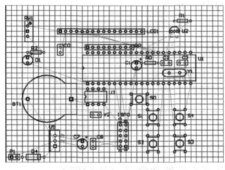

图8-2-12 布局参考

（4）进行手工布线。

万能板布线参考图如图8-2-13所示。PCB板布线参考图如图8-2-14所示。

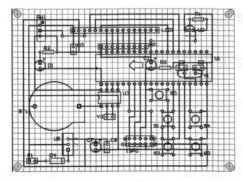

图8-2-13 万能板布线参考

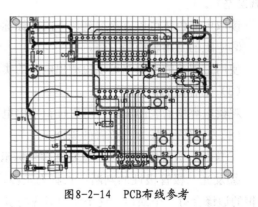

图8-2-14 PCB布线参考

任务三 基于单片机的数字钟电路的装配与调试

【学习目标】

（1）完成数字钟电路中各元器件的识别和检测。

（2）按照设计图完成电路板的焊接装配。

（3）进行电路调试，完成真正实用的数字钟电路。

一、基本元器件检测

（1）列写出基于单片机的数字钟电路的元器件清单。

（2）识别与检测电路中的电阻元件。

①电阻色环的识别。

普通电阻最常用的标注方法为色标法。

棕	红	橙	黄	绿	蓝	紫	灰	白	黑	金	银
1	2	3	4	5	6	7	8	9	0	10^{-1}	10^{-2}

每种颜色代表不同的数字。

电阻表面各色环表示意义如下：

前面2（或3）条色环：阻值的有效数字（直接读取）；

倒数第2条色环：10的幂数；

最后1条色环：误差（常用棕、金、银色表示，棕色为1%误差、金色为5%误差、银色为10%误差）。

读取电阻色环可以直接得到该电阻的标称电阻值。

②电阻的万用表检测方法。

使用万用表的欧姆挡可以检测出电阻的实际阻值。

（3）电容器的识别。

观察电容器的表面标示，可直接识别出电容器的电容量。

（4）二极管和发光二极管的识别。

①普通二极管极性判断：有特殊颜色标示环的引脚为负极，另一引脚为正极。

②发光二极管极性的判断：长脚为正极，短脚为负极；对于圆帽外形的发光二极管，其圆帽的边缘会有一个缺口，这个缺口对应的引脚为负极，另外一个引脚为正极。

（5）晶振的识别。

观察晶振表面的标示，可判别出晶振的标称频率值。

二、使用万能板装配电路

（1）准备好所需的元器件和万能电路板。

（2）按照设计图安装焊接元器件。

①元器件安装基本原则如下：

A. 元器件的标志方向应符合规定的要求；

B. 注意有极性的元器件不能装错；

C. 安装高度应符合规定的要求，同一规格的元器件应尽量安装在同一高度；

D. 安装顺序一般为先低后高，先轻后重，先一般元器件后特殊元器件。

②电子电路焊接工艺：

A. 准备：将焊接所需材料、工具准备好。加热电烙铁，烙铁头沾上少量焊剂。

B. 加热被焊件：将烙铁头放在焊盘上，使被焊件的温度上升。

C. 熔化焊料：将焊锡丝放到被焊件上，使焊锡丝熔化并浸湿焊盘。

D. 移开焊锡：当焊点上的焊锡已将焊点浸湿，要及时撤离焊锡丝。

E. 移开电烙铁：移开焊锡后，待焊锡全部润湿焊点时，及时迅速移开电烙铁。

（3）在焊接面焊接光芯线，组成电路连接线。

（4）数字钟电路（使用万能板）安装效果如图8-3-1所示。

图8-3-1　数字钟电路（万能板）安装效果

三、使用PCB板装配电路

（1）准备好所需的元器件和PCB电路板。

（2）按照设计图安装焊接元器件。

（3）数字钟电路（使用PCB板）安装效果如图8-3-2所示。

四、数字钟电路调试

（1）进行电源电压测试。

图8-3-2　数字钟电路（PCB板）

不插接单片机以及数字模块芯片，正确接通直流电源和安装纽扣电池，使用万用表测试相关电源点电压是否正常。U1的20脚应为5 V，U3的1脚应为3V，实测值与理论值相近，表示电源部分工作正常。

（2）断开电源，将没有安装的器件安装在电路板中，包括已经烧录了程序的单片机芯片（或者通过ISP0端口，进行在线编程，将程序写入单片机）。重新接通直流电源，观察液晶显示器是否显示正常。

（3）调节按钮S1～S4，将时钟的时间调节正确，完成基于单片机的数字钟电路的制作，最终显示效果如图8-3-3所示。

图8-3-3　数字钟电路显示效果

五、数字钟电路测试

将装配完好的数字钟开机，使用仪器对其部分参数进行测试（见图8-3-4）。

（1）使用示波器，测量数字钟电路中U1第18脚的信号，并把它记录在表8-3-1中。

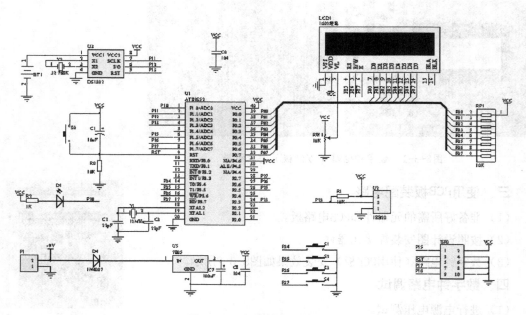

图8-3-4　数字钟电路原理图

表8-3-1　记录表1

波　形	频　率	幅　度
	$f=$	$V_{\text{P-P}}=$
	时间挡位	幅度挡位
	/DIV	/DIV

（2）使用示波器，测量数字钟电路中U1第23脚的信号，并把它记录在表8-3-2中。

表8-3-2　记录表2

波　形	频　率	幅　度
	$f=$	$V_{\text{P-P}}=$
	时间挡位	幅度挡位
	/DIV	/DIV

（3）使用示波器，测量数字钟电路中U3第4脚的信号，并把它记录在表8-3-3中。

表8-3-3　记录表3

波形	频　率	幅　度
	$f=$	$V_{\text{P-P}}=$
	时间挡位	幅度挡位
	/DIV	/DIV

QMG—J43.001—2009
代替QMG—J43.001—2006

附录一

企业元器件焊接质量检验规范

2009-11-04发布　　　　　　　　　　　　2009-12-04实施

1. 范围

本规定适用波峰焊接或电烙铁手工锡焊的焊接质量检验规范和基本要求，适用于电子整机生产和检验。不适合于机械五金结构件和电器的特种焊接。

本规范适用于制冷国际事业部。

2. 规范性引用文件

下列文件中的条款通过本标准的引用而成为本标准的条款。凡是注日期的引用文件，其随后所有的修改单（不包括勘误的内容）或修订版均不适用于本标准，然而，鼓励根据本标准达成协议的各方研究是否可使用这些文件的最新版本。凡是不注日期的引用文件，其最新版本适用于本标准。

IPC-A-610D电子组装件的验收条件Acceptability of Electronic Assemblies。

3. 术语和定义

3.1开路：铜箔线路断或焊锡无连接.

3.2连焊：两个或以上的不同电位的相互独立的焊点，被连接在一起的现象。

3.3空焊：元件的铜箔焊盘无锡粘连。

3.4冷焊：因温度不够造成的表面焊接现象，无金属光泽。

3.5虚焊：表面形成完整的焊盘但实质因元件脚氧化等原因造成的焊接不良。

3.6包焊：过多焊锡导致无法看见元件脚，甚至连元件脚的棱角都看不到，润湿角大于90°。

3.7锡珠、锡渣：未融合在焊点上的焊锡残渣。

3.8针孔：焊点上发现一小孔，其内部通常是空的。气孔：焊点上有较大的孔，可裸眼看见其内部。

3.9缩锡：原本粘着的焊锡出现缩回；有时会残留极薄的焊锡膜，随着焊锡回缩润湿角增大。

3.10贴片对准度：芯片或贴片在X或Y轴方向上恰能落在焊点的中央未出现偏差，焊端都可以与焊盘充分接触（允许有一定程度的偏移）。

4. 合格性判断

4.1本标准执行中，分为三种判断状态："最佳""合格"和"不合格"。

最佳——它是一种理想化状态，并非总能达到，也不要求必须达到。但它是工艺部门追求的目标。

合格——它不是最佳的，但在其使用环境下能保持PCBA的完整性和可靠性（为允许工艺上的某些更改，合格要求要比最终产品的最低要求稍高些）。

不合格——它不足以保证PCBA在最终使用环境下的形状、配合及功能要求。应根据工艺要求对其进行处置（返工、修理或报废）。

4.2焊接可接受性要求：所有焊点应当有光亮的，大致光滑的外观，并且呈润湿状态；润湿体现在被焊件之间的焊料呈凹的弯月面，对焊点的执锡（返工）应小心，以避免引起更多的问题，而且应产生满足验收标准的焊点。焊点分析见附图0。

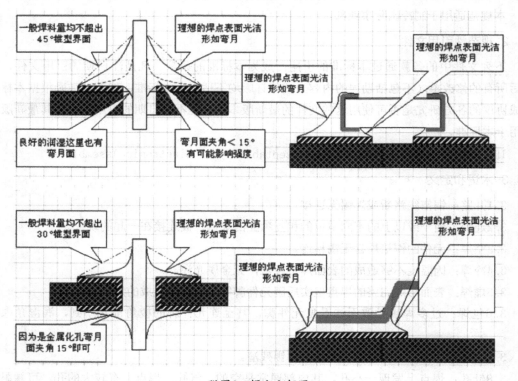

附图0　焊点分析图

可靠的电气连接。

足够的机械强度。

光滑整齐的外观。

5. 焊接检验规范

5.1连焊：相邻焊点之间的焊料连接在一起，形成桥连（见附图1）。在不同电位线路上，桥连不可接受；在相同电位线路上，可有条件接受连锡，对于贴片元件，同一铜箔间连锡高度应低于贴片元件本体高度。

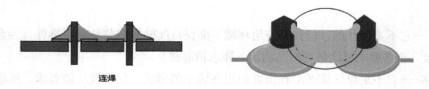

附图1　拒收状态

5.2虚焊：元器件引脚未被焊锡润湿，引脚与焊料的润湿角大于90°（见附图2）；焊盘未被焊锡润湿，焊盘与焊料的润湿角大于90°（见附图3）。以上二种情况均不可接受。

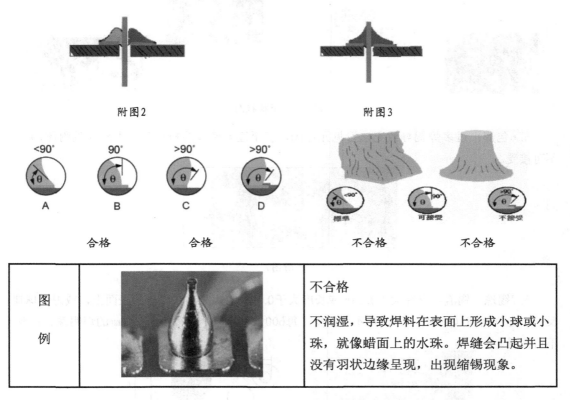

附图2   附图3

图例		不合格 不润湿，导致焊料在表面上形成小球或小珠，就像蜡面上的水珠。焊缝会凸起并且没有羽状边缘呈现，出现缩锡现象。

5.3空焊：基材元器件插入孔全部露出，元器件引脚及焊盘未被焊料润湿（见附图4），不可接受。

附图4   附图5

5.4半焊：元器件引脚及焊盘已润湿，但焊盘上焊料覆盖分部1/2，插入孔仍有部分露出（见附图5），不可接受。

5.5多锡：引脚折弯处的焊锡接触元件体或密封端（见附图6），不可接受。

附图6　拒收状态

5.6包焊：过多焊锡导致无法看见元件脚，甚至连元件脚的棱角都看不到（见附图7），不可接受。

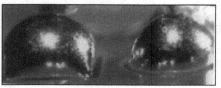

附图7

5.7锡珠、锡渣：直径大于0.2 mm或长度大于0.2 mm的锡渣黏在底板的表面上，或焊锡球违反最小电气间隙（见附图8），均不可接受；每600 mm²多于5个直径小于0.2 mm的焊锡珠、锡渣不可接受。

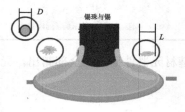

附图8

5.8少锡、薄锡：引脚、孔壁和可焊区域焊点润湿小于270º（见附图9），或焊角未形成弯月形的焊缝角，润湿角小于15º（见附图11），或焊料未完全润湿双面板的金属孔，焊锡的金属化孔内填充量小于50%（见附图10、附图12），均不可接受。

附图9　　　　　　　　　　　　　　　　附图10

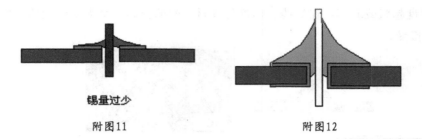

锡量过少

附图11   附图12

5.9拉尖：元器件引脚头部有焊锡拉出呈尖形（见附图13），锡尖高度大于安装高度要求或违反最小电气间隙,均不可接受。

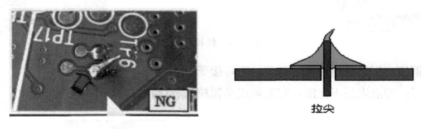

拉尖

附图13

5.10锡裂：焊点和引脚之间有裂纹（见附图14），或焊盘与焊点间有裂纹，不可接受。

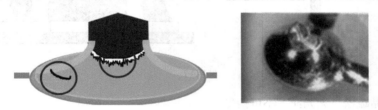

附图14

5.11针孔/空洞/气孔：焊点内部有针眼或大小不等的孔洞（见附图15）。孔直径大于0.2 mm；或同一块PCB板直径小于0.2 mm的气孔数量超过6个，或同一焊点超过2个气孔均不可接受。

气孔

附图15

注意，如果焊点能满足润湿的最低要求，针孔、气孔、吹孔等是允许的。

5.12焊盘起翘或剥落：在导线、焊盘与基材之间的分离一个大于焊盘的厚度（见附图16），不可接受。

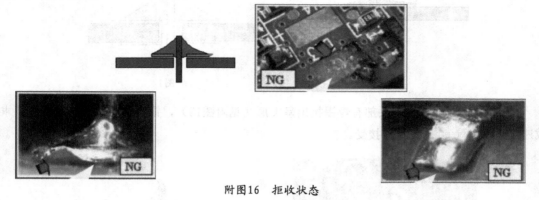

附图16 拒收状态

5.13断铜箔：铜箔在电路板中断开，不可接受。

5.14冷焊：焊点表面不光滑，有毛刺或呈颗粒状（见附图17），不可接受。

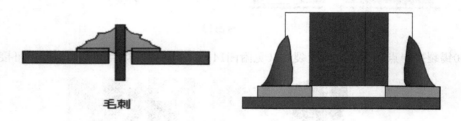

毛刺

附图17

5.15焊料结晶疏松、无光泽，不可接受。

5.16受力元件及强电气件焊锡润湿角小于30°或封样标准，不可接受。

5.17焊点周围存在焊剂残渣和其他杂质，不可接受。

5.18贴片元件：上锡高度不能超过元件本体、没有破裂、裂缝、针孔、连焊等不良现象。

5.18.1片式元件：焊接可靠，横向偏移不能超过可焊宽度的50%；纵向偏移不能超过可焊宽度的25%可焊宽度指元件可焊端和焊盘两者之间的较小者。见附图18。

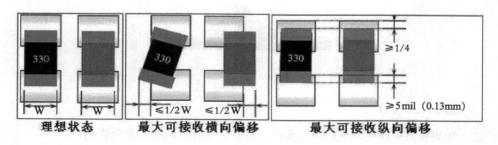

理想状态　　最大可接收横向偏移　　最大可接收纵向偏移

附图18

5.18.2圆柱体元件：焊接可靠，横向偏移不能超过元件直径和焊盘宽度中较小者的50%，纵向偏移不能超过元件直径和焊盘宽度中较小者的25%，横面和侧面焊接宽度至少为可焊宽度的50%，见附图19。

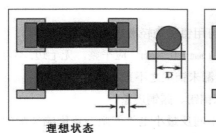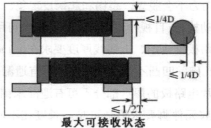

附图19

5.19　IC：依据管脚的形状对应片式元件的要求来检验。其中IC管脚偏移不超过可焊宽度1/3，见附图20～附图21。

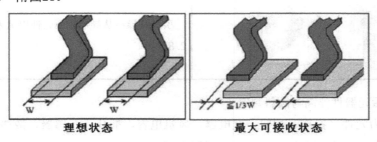

附图20

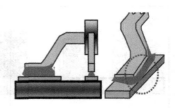

拒收状态1　　　　　　　　　　　拒收状态2

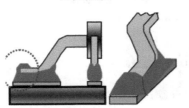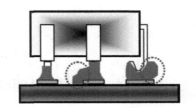

拒收状态3　　　　　　　　　　　拒收状态4

附图21

5.20功率器件，包括7805、7812、1/2 W以上电阻、保险丝、可控硅、压缩机继电器，焊点高度应于1mm，焊点应饱满，不允许焊点有空缺的地方。

5.21对于继电器，单插片、强电接插件及大功率电容等受外力器件，要求能承受10千克拉（压）纵向力不会脱焊，裂锡和起铜皮现象。

5.22拨动检查:目视检查时发现可疑现象可用镊子轻轻拨动焊位确认 。

5.23电路板铺锡层、上锡线厚度要求在0.1mm～0.8mm。应平整，无毛边,不可有麻点、露铜、色差、孔破、凹凸不平之现象，不可有遗漏未铺上之不正常现象。

5.24贴片电路板的焊盘部分不可有遗漏未铺锡、露铜现象。

5.25板底元件脚要求清晰可见，长度在不违反最小电气间隙、不影响装配的条件下，在1.0 mm～2.8 mm范围内可接受；强电部分引脚直径大于或等于0.8 mm,在不影响电气可靠性的情况下可放宽到3.1 mm。

图例	合格条件
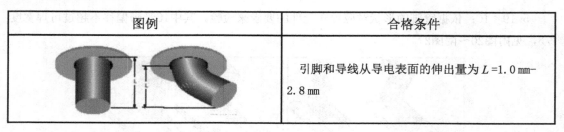	引脚和导线从导电表面的伸出量为 $L=1.0$ mm-2.8 mm

5.26焊接后元器件浮高与倾斜判定。

5.26.1受力元件（插座、按钮、继电器、风机电容、插片、互感器、散热片及发光二极管）、大元器件浮高不能超过板面0.8mm，见附图22。

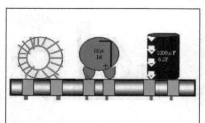

理想状态

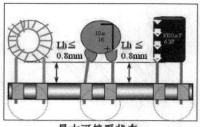

最大可接受状态

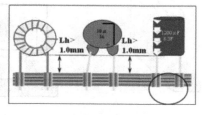

拒收状态

附图22

5.27 非受力器件（跳线、非浮高电阻、二极管、色环电感、连接线等）浮高在不违反最小电气间隙、不影响装配的条件下不能大于2 mm，元器件装配焊接判定：

5.28无脚，见附表1。

附表1

图例	（不）合格条件	图例	（不）合格条件
最佳	最佳 　元器件位于焊盘中间。 　元器件标识为可见的。 　非极性元器件定向放置，因此可用同一方法（从左到右或从上到下）识读其标识	最佳	重量小于28克和标称功率小于1W的元器件，其整个器件体与板子平行并紧贴板面。 标称功率等于和大于1W的元器件，应至少比板面抬高1.5 mm
合格	极性元器件与多引脚元器件方向摆放正确。 　手工成型与手工插件时，极性符号为可见的。 　元器件都按规定放在了相应正确的焊盘上。 　非极性元器件没有按照同一方法放置	合格	元器件体与PCB板面之间的最大距离不违背引脚伸出量和元器件安装高度的要求
不合格	错件。 元器件没有安装到规定的焊盘上。 极性元器件装反了。 多引脚元器件安装方位不正确	不合格	元器件本体与PCB板间的距离"D"大于3 mm。 标称功率等于和大于1W的元器件抬高小于1.5 mm
最佳	所有元器件脚都有基于焊盘面的抬高量，并且引脚伸出量满足要求		合格： 　立式元器件本体与PCB板间的距离不能大于2 mm

（续表）

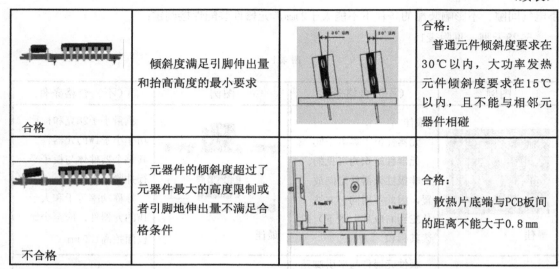

合格	倾斜度满足引脚伸出量和抬高高度的最小要求		合格： 　普通元件倾斜度要求在30℃以内，大功率发热元件倾斜度要求在15℃以内，且不能与相邻元器件相碰
不合格	元器件的倾斜度超过了元器件最大的高度限制或者引脚地伸出量不满足合格条件		合格： 　散热片底端与PCB板间的距离不能大于0.8 mm

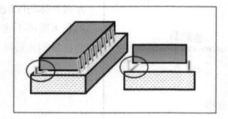

附图23　拒收状态

6. 无铅焊与有铅焊元器件焊点检验规范一些区别

6.1.1 无铅焊由于其焊点湿润性差，焊点四周容易产生一些微小裂缝。

6.1.2 无铅焊接其焊接温度较高，在温度过高时容易产生过热焊接，焊点周围有一层明显的氧化现象，见附图24。

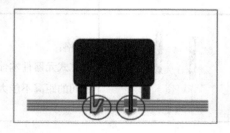
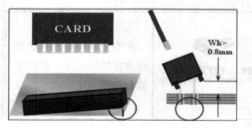

附图24

7. PCBA检验过程注意项

7.1 检验前需先确认所使用的工作平台清洁。

7.2ESD防护：凡接触PCBA半成品必需配带良好静电防护措施（配带防静电手环接上静电接地线或防静电手套,具体参照工厂防静电工艺规范）。

7.3 要握持板边或板角执行检验,不允许直接抓握线路板上线组和元器件。

7.4检验条件：室内照明 800 LUX(流明)以上,即40W日光灯下,离眼睛距离30 cm左右,必要时以(五倍以上)放大照灯检验确认。

7.4.1 PCB分层/绿油起泡/烧焦：不可有PCB分层（DELAMINATION）/绿油起泡(BLISTER)/烧焦。

7.4.2弯曲：PCB板弯或板翘不超过长边的0.75%,此标准适用于组装成品板。

7.4.3刮伤：刮伤深至PCB纤维层不被允收,刮伤深至PCB线路露铜不被允收。

7.5连接插座、线组或插针：倾斜不得触及其他零件,倾斜高度小于0.8mm与插针倾斜小于8°内(与PCB零件面垂直线之倾斜角),允许接收。

7.6 带有IC插座的主IC：主IC插入插座时,力度应均匀,与插座之间保持良好接触,且间隙均匀一致,不可出现左右前后间隙大小不一,出现松动等现象。

7.7热熔胶。

7.7.1在工艺文件规定的元器件根部打胶,保证胶与元器件及PCB板充分接触,覆盖根部大于或等于270º,胶不可覆盖需要散热的元器件, 如大功率电阻。

7.7.2 所有需要连接的元器件部位,不可有多余的热熔胶,影响连接和安装的,不被接受。

7.7.3胶不可堵塞PCB上的爬电间隙孔。

7.7.4为避开爬电间隙孔,在经产品工程师评估无质量隐患前提下可以允许个别位置取消打胶;

7.8防潮油：扫防潮油不可触及轻触开关、插座、连接线组等,如触及,但不属于金属体连接位置且不影响电气通断性能则可以允许接收。防潮油不可堵塞爬电间隙的条形孔。

8. 常见贴片焊接缺陷及图示（波峰焊接后）

8.1漏焊(贴片掉落或飘移)如附图25所示。

8.2 焊反如附图26所示。

8.3 贴片短接如附图27所示。

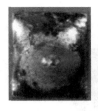  

| 附图25 | 附图26 | 附图27 |

8.4焊料不足见附图28。

附图28

8.5焊料过多见附图29。

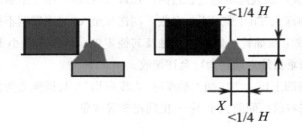

附图29

8.6虚焊见附图30。

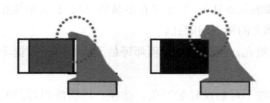

附图30

9. 线体的焊接不良。

9.1芯线分叉,如附图31所示。

9.2绝缘皮烫伤,如附图32所示。

9.3露铜, 如附图33所示。

9.4包胶, 如附图34所示。

合格如附图35所示。

附图31

附图32

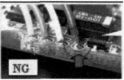

附图33 附图34

合格 合格

附图35

附录二

国联通信公司提供的完整的
标准作业指导书

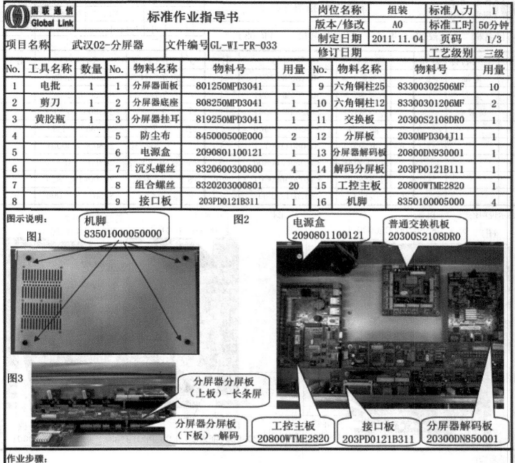

No.	工具名称	数量	No.	物料名称	物料号	用量	No.	物料名称	物料号	用量
1	电批	1	1	分屏器面板	801250MPD3041	1	9	六角铜柱25	83300302506MF	10
2	剪刀	1	2	分屏器底座	808250MPD3041	1	10	六角铜柱12	83300301206MF	2
3	黄胶瓶	1	3	分屏器挂耳	819250MPD3041	1	11	交换板	20300S2108DR0	1
4			5	防尘布	845000500E000	2	12	分屏板	2030MPD304J11	1
5			6	电源盒	2090801100121	1	13	分屏器解码板	20800DN930001	1
6			7	沉头螺丝	8320600300800	4	14	解码分屏板	203PD0121B111	1
7			8	组合螺丝	8320203000801	20	15	工控主板	20800WTME2820	1
8			9	接口板	203PD0121B311	1	16	机脚	8350100005000	4

标准作业指导书

岗位名称	组装	标准人力	1
版本/修改	A0	标准工时	50分钟
制定日期	2011.11.04	页码	1/3
修订日期		工艺级别	三级

项目名称 武汉02-分屏器　文件编号 GL-WI-PR-033

图示说明:

图1　机脚 83501000050000

图2　电源盒 2090801100121　普通交换机板 20300S2108DR0

图3　分屏器分屏板（上板）-长条屏　分屏器分屏板（下板）-解码　工控主板 20800WTME2820　接口板 203PD0121B311　分屏器解码板 20300DN850001

作业步骤:

1.取网关五金件,检查是否有划伤,字体线印不良等不良现象然后拆五金螺丝(拆出的螺丝报废)

2.装机脚于底座,涂黄胶粘防尘布(如图1所示)

3.分屏器解码板要焊掉D12的灯,再焊上排针

4.将解码分屏器板、分屏器分屏板-长条屏、分屏器分屏板-解码、分屏器接口板装到底座上用M3*8的圆头组合螺丝、M3*25+6六角铜柱与M3*12+6六角铜柱固定(如图3所示)

5.将电源盒装到C面并用M3*6的沉头不锈钢螺丝锁固(如图2所示)

6.将普通交换模块用M3*8的组合螺丝锁固

7.将工控主板用M3*8的组合螺丝锁固

注:PCBA装的方向如上图。电批扭力范围5.0-6.0kgf/cm

立作业是否合格、自检合格后将产品流向下一站***

| 制定: | 审核: | 核准: | |

国联通信 Global Link	标准作业指导书				岗位名称	组装	标准人力	1
					版本/修改	A0	标准工时	50分钟
项目名称	武汉02-分屏器		文件编号	GL-WI-PR-033	制定日期	2011.11.04	页码	1/3
					修订日期		工艺级别	三级

No.	工具名称	数量	No.	物料名称	物料号	用量	No.	物料名称	物料号	用量
1	电批	1	1	分屏器面板	801250MPD3041	1	9	六角铜柱25	83300302506MF	10
2	剪刀	1	2	分屏器底座	808250MPD3041	1	10	六角铜柱12	83300301206MF	2
3	黄胶瓶	1	3	分屏器挂耳	819250MPD3041	1	11	交换板	20300S2108DR0	1
4			5	防尘布	845000500E000	2	12	分屏板	2030MPD304J11	1
5			6	电源盒	2090801100121	1	13	分屏器解码板	20800DN930001	1
6			7	沉头螺丝	8320600300800	4	14	解码分屏板	203PD0121B111	1
7			8	组合螺丝	8320203000801	20	15	工控主板	20800WTME2820	1
8			9	接口板	203PD0121B311	1	16	机脚	8350100005000	4

图示说明：

图1 机脚 83501000050000

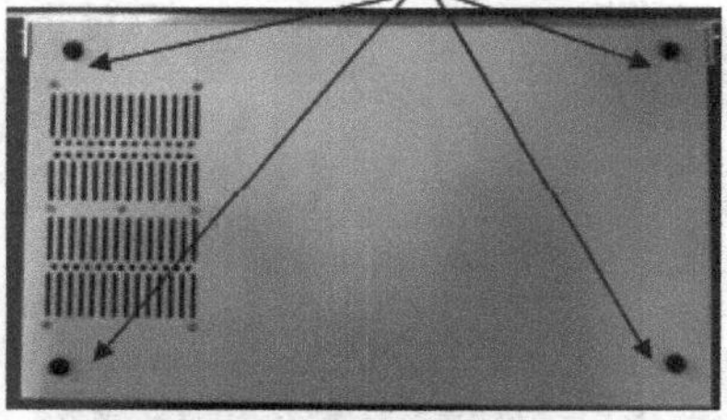

图2

电源盒 2090801100121　普通交换机板 20300S2108DR0

图3

分屏器分屏板（上板）-长条屏

分屏器分屏板（下板）-解码

工控主板 20800WTME2820

接口板 203PD0121B311

分屏器解码板 20300DN850001

作业步骤：

1. 取网关五金件，检查是否有划伤，字体线印不良等不良现象然后拆五金螺丝（拆出的螺丝报废）

2. 装机脚于底座，涂黄胶粘防尘布（如图1所示）

3. 分屏器解码板要焊掉D12的灯，再焊上排针。

4. 将解码分屏器板、分屏器分屏板-长条屏、分屏器分屏板-解码、分屏器接口板装到底座上用M3*8的圆头组合螺丝、M3*25+6六角铜柱与M3*12+6六角铜柱固定（如图3所示）

5. 将电源盒装到C面并用M3*6的沉头不锈钢螺丝锁固（如图2所示）

6. 将普通交换模块用M3*8的组合螺丝锁固

7. 将工控主板用M3*8的组合螺丝锁固

注：PCBA装的方向如上图。电批扭力范围5.0-6.0kgf/cm

位作业是否合格、自检合格后将产品流向下一站***

制定：	审核：	核准：	CAUTION ELECTROSTATIC SENSITIVE DEVICES

国联通信 Global Link	标准作业指导书		岗位名称	焊接	标准人力	1
			版本	AO	标准工时	10分钟
项目名称 广06控制盒灯板		文件编码 GL-WI-PR-064	制定日期	2011.09.15	页码	1/1
			修定日期		工艺级别	一级

No.	工具及辅料	数量	No.	物料名称规格	物料号	用量	No.	物料名称规格	物料号	用量
1	锡丝(Φ1.0)	适量	1	40P 2.54mm单排针座	6031125404010	0.2	6			
2	洗板水	适量	2	红色发光二极管	6090101000510	1	7			
3	电烙铁/架	1	3	黄色发光二极管	6090201000510	1	8			
4	斜口钳	1	4	红绿双色共阳极发光二极管	6090501000550	2	9			
5			5	PCB GZ06控制盒灯板	601PA0718A411	1	10			

图示说明：

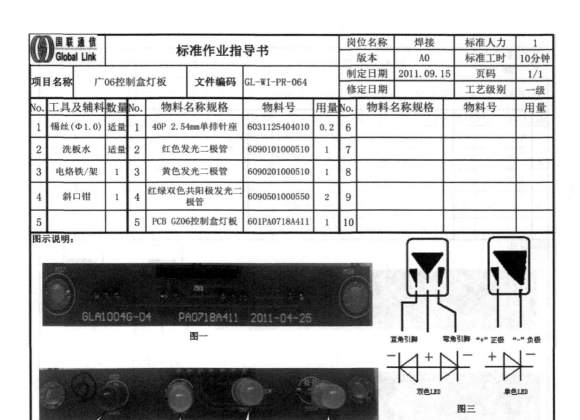

图一

图二

单色红色LED　双色红绿LED　单色黄色LED　双色红绿LED

直角引脚　弯角引脚 "+" 正极 "-" 负极
双色LED　单色LED
图三

作业步骤：

1 取一根40P 2.54mm单排座，先将其分别剪成7P，再取剪开的7P单排座，将其焊装到灯板J501位置上。

2 取一个红色发光二极管，将其大电极对应的引脚插入"-"端，小电极对应的引脚对应插入"+"端，使用电烙铁焊接在RED位置。（注意灯的高度，用五金件实配）。

3 取一个黄色发光二极管，将其大电极对应的引脚插入"-"端，小电极对应的引脚对应插入"+"端，使用电烙铁焊接在YLW位置。（注意灯的高度，用五金件实配）。

4 取两个红绿双色共阳极发光二极管，将其直角引脚朝红色发光二极管，焊接在D502和D504位置。（注意灯的高度，用五金件实配）。

5 将引脚超出PCB板2mm的过长部分剪去，清洗PCB板，自检无误后贴上MFG自检确认标并将完成品流入检验工位。

注意事项：

1 作业人员须佩戴好防静电手环，并保持工作台面的整洁。

2 将烙铁头的温度设置为350~370度，烙铁海绵保持湿润状态。

*** 取放产品要求轻拿轻放、检查前站岗位作业是否合格、自检合格后将产品流向下一站 ***

制定：	审核：	核准：	

	国联通信 Global Link	标准作业指导书		岗位名称	焊接	标准人力	1
				版本	A0	标准工时	10分钟
项目名称	广06控制盒灯板	文件编码	GL-WI-PR-064	制定日期	2011.09.15	页码	1/1
				修定日期		工艺级别	一级

No.	工具及辅料	数量	No.	物料名称规格	物料号	用量	No.	物料名称规格	物料号	用量
1	锡丝(Φ1.0)	适量	1	40P 2.54mm单排针座	6031125404010	0.2	6			
2	洗板水	适量	2	红色发光二极管	6090101000510	1	7			
3	电烙铁/架	1	3	黄色发光二极管	6090201000510	1	8			
4	斜口钳	1	4	红绿双色共阳极发光二极管	6090501000550	2	9			
5			5	PCB GZ06控制盒灯板	601PA0718A411	1	10			

图示说明:

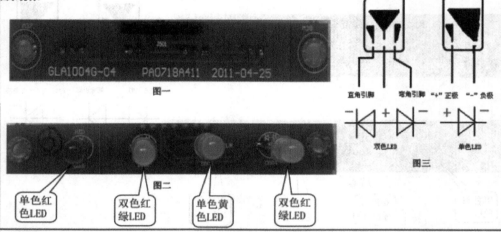

图一

图二

单色红色LED 双色红绿LED 单色黄色LED 双色红绿LED

直角引脚 窄角引脚 "+"正极 "−"负极

双色LED 单色LED

图三

作业步骤:

1 取一根40P 2.54mm单排座,先将其分别剪成7P,再取剪开的7P单排座,将其焊装到灯板J501位置上。

2 取一个红色发光二极管,将其大电极对应的引脚插入"−"端,小电极对应的引脚对应插入"+"端,使用电烙铁焊接在RED位置。(注意灯的高度,用五金件实配)。

3 取一个黄色发光二极管,将其大电极对应的引脚插入"−"端,小电极对应的引脚对应插入"+"端,使用电烙铁焊接在YLW位置。(注意灯的高度,用五金件实配)。

4 取两个红绿双色共阳极发光二极管,将其直角引脚朝红色发光二极管,焊接在D502和D504位置。(注意灯的高度,用五金件实配)。

5 将引脚超出PCB板2mm的过长部分剪去,清洗PCB板,自检无误后贴上MFG自检确认标并将完成品流入检验工位。

注意事项:

1 作业人员须佩戴好防静电手环,并保持工作台面的整洁。

2 将烙铁头的温度设置为350~370度,烙铁海绵保持湿润状态。

*** 取放产品要求轻拿轻放、检查前站岗位作业是否合格、自检合格后将产品流向下一站 ***

制定:	审核:	核准:	